Martina Reinhardt

Funktionalisierte, polymere Mikrostrukturen für die dreidimensionale Zellkultur

Schriften des Instituts für Mikrostrukturtechnik
am Karlsruher Institut für Technologie
Band 9

Hrsg. Institut für Mikrostrukturtechnik

Eine Übersicht über alle bisher in dieser Schriftenreihe erschienenen Bände finden Sie am Ende des Buchs.

Funktionalisierte, polymere Mikrostrukturen für die dreidimensionale Zellkultur

von
Martina Reinhardt

KIT Scientific Publishing

Diese Arbeit wurde in einer Kooperationsarbeit zwischen dem Institut für Mikrostrukturtechnik und dem Institut für Biologische Grenzflächen 1 durchgeführt.

Dissertation, Karlsruher Institut für Technologie
Fakultät für Maschinenbau
Tag der mündlichen Prüfung: 02. Dezember 2010
Hauptreferent: Prof. Dr. rer. nat. Volker Saile
Korreferent: Prof. Dr. Heinz Kück

Impressum

Karlsruher Institut für Technologie (KIT)
KIT Scientific Publishing
Straße am Forum 2
D-76131 Karlsruhe
www.ksp.kit.edu

KIT – Universität des Landes Baden-Württemberg und nationales Forschungszentrum in der Helmholtz-Gemeinschaft

KIT Scientific Publishing 2011
Print on Demand

ISSN: 1869-5183
ISBN: 978-3-86644-616-8

Funktionalisierte, polymere Mikrostrukturen für die dreidimensionale Zellkultur

Zur Erlangung des akademischen Grads eines

Doktors der Ingenieurwissenschaften

von der Fakultät für Maschinenbau des

Karlsruher Instituts für Technologie (KIT)

genehmigte

Dissertation

von

Dipl.-Phys. Martina Reinhardt

aus Recklinghausen

Tag der mündlichen Prüfung: 02.12.2010

Hauptreferent: Prof. Dr. V. Saile
Korreferent: Prof. Dr. H. Kück

Danksagung

Die hier vorliegende Arbeit entstand in den Jahren von 2007 bis 2010 im Rahmen meiner wissenschaftlichen Tätigkeit am Institut für Biologische Grenzflächen und dem Institut für Mikrostrukturtechnik des Karlsruher Instituts für Technologie (KIT). Für den erfolgreichen Abschluss meiner Arbeit möchte ich mich im Folgenden bei all denen bedanken, die mir in dieser Zeit mit Rat und Tat zur Seite standen.

Mein besonderer Dank gilt dem Leiter des Instituts für Mikrostrukturtechnik Herrn Prof. Dr. V. Saile für die Betreuung der Arbeit und die Übernahme des Hauptreferats. Nur durch Herrn Saile und den ehemaligen Geschäftsführer des Instituts für Biologische Grenzflächen Herrn Weibezahn konnte mir die Durchführung der sehr interessanten und interdisziplinären Arbeit ermöglicht werden.

Herrn Prof. Dr. H. Kück danke ich für die Übernahme des Korreferats und Herrn Prof. Dr. U. Maas für die Übernahme des Prüfungsvorsitzes.

Weiterhin möchte ich mich bei allen Mitarbeitern des Instituts für Biologische Grenzflächen bedanken, die zu meiner Arbeit beigetragen haben.

Mein besonderer Dank richtet sich dabei an meinen Betreuer Stefan Giselbrecht. Er hatte immer ein offenes Ohr für meine Probleme und beteiligte sich stets durch wertvolle Diskussionen und Ratschläge am positiven Gelingen dieser Arbeit.

Ebenso gilt mein Dank Alexander Gerwald. Durch seine technischen Arbeiten in der Werkstatt und auch an der Mikrothermoformanlage konnten viele Probleme innerhalb meiner Arbeit beseitigt werden.

Tim Scharnweber, Alexander Welle Christine Richter, Eric Gottwald, Alexandra Rolletschek und Irene Wacker-Schröder möchte ich für stete Diskussionen in den Bereichen Chemie, Biologie und auch Technik danken.

Sebastian Bartels, Carolin Bartels, David Thiele und Anke Dech danke ich für ihre Hilfe im Rahmen der Zellkulturexperimente.

Ein ganz besonderer Dank gilt auch meiner Zimmerkollegin Stefanie Schmitteckert und auch Cornelia Ziegler. Durch viele Gespräche konnten sie mir sowohl in wissenschaftlichen aber auch in persönlichen Dingen weiterhelfen.

Weiterhin bedanke ich mich auch bei den Mitarbeitern des Instituts für Mikrostrukturtechnik, die mir die Nutzung der Reinraumanlagen, des Rasterelektronenmikroskopes und natürlich der Mikrothermoformanlage ermöglicht haben.

Mein spezieller Dank richtet sich dabei an Sandra Wilson, Heike Fornasier, Michael Hartmann, Paul Abaffy, Hans-Jürgen Boehm, Klaus Feith, Timo Mappes, Martin Börner, Marie Nees, Uwe Köhler und Konradin Kaiser.

Außerhalb des KIT möchte ich mich besonders bei Roman Truckenmüller bedanken. Aufgrund seiner Tätigkeit auf dem gleichen Forschungsgebiet an der Universität Twente in Enschede konnte auch er mich durch viele wertvolle Tipps in meiner Arbeit voran bringen.

Desweiteren danke ich Christina Trautmann und Markus Rauber von der GSI in Darmstadt für die sehr interessante Zusammenarbeit und die Möglichkeit der Schwerionenbestrahlung.

Ein besonderer Dank gilt Niels B. Larsen und Gertrud Hjortø von der Technischen Universität Dänemark in Kopenhagen (DTU). Durch sie wurde mir im letzten Jahr ein zweimonatiger Forschungsaufenthalt an ihrer Forschungseinrichtung Risø in Roskilde ermöglicht, durch den ich wissenschaftlich als auch persönlich sehr viel lernen konnte.

Zu guter Letzt möchte ich natürlich meiner Familie, ganz besonders meiner Mutter und meinen Freunden danken. Ihr habt in der ganzen Zeit immer zu mir gestanden und mich auch in schwierigen Situationen stets aufgemuntert. Durch eure Unterstützung wurde es mir ermöglicht, den nicht immer ebenen Weg zu meistern.

Karlsruhe, Martina Reinhardt
im Dezember 2010

Kurzfassung

Die Rekonstruktion der komplexen Mikroumgebung von Zellen zur Erzeugung funktioneller, dreidimensionaler Zellkulturen, die einen aktuellen Forschungsschwerpunkt im Bereich der biomedizinischen Grundlagenforschung, dem Tissue Engineering sowie der pharmazeutischen Wirkstoffentwicklung darstellt, erfordert u.a. die Herstellung geeigneter Gerüststrukturen. Aus diesem Grund wurde am Karlsruher Institut für Technologie (KIT) die auf dem Verfahren des Mikrothermoformens basierende SMART-Technologie entwickelt, welche die Herstellung definiert funktionalisierter, polymerer Mikrostrukturen für die dreidimensionale Zellkultur ermöglicht. Verschiedenste biochemische und auch biophysikalische Faktoren beeinflussen maßgeblich das Verhalten von Zellen *in vivo*. Durch die Weiterentwicklung der SMART-Technologie konnten neuartige Prototypen funktionalisierter, dreidimensionaler Zellkulturträger hergestellt werden, mit deren Hilfe es möglich ist, den Einfluss solcher Faktoren *in vitro* zu analysieren.

Im ersten Teil der Arbeit wurden neue SMART-Module entwickelt. Zur Nachahmung der komplexen Topographie der natürlichen Mikroumgebung von Zellen, wie sie z.B. durch die mikro- und nanoskalige Topographie der Basalmembran des Epithelgewebes gegeben ist, wurden lithographische Prozesse eingesetzt. Dazu wurde ein neues Verfahren der Lithographie in freitragenden Polymerfolien entwickelt. Durch Adaptierung der DUV-, Röntgen- und auch Ionenstrahllithographie, konnten nur wenige Mikrometer große Strukturen, die der Größe einer einzelnen Zelle entsprechen, in dünnen thermoplastischen Kunststofffolien erzeugt, und in Kombination mit dem Mikrothermoformen in ein Array aus 25 x 25 Mikrokavitäten mit einem Durchmesser von je 300 µm und einer Tiefe von bis zu 300 µm (KITChip) integriert werden.

Desweiteren spielen auch biochemische Faktoren, wie z.B. Cytokine, eine entscheidende Rolle, beispielsweise in der Proliferation oder phänotypischen Differenzierung von Zellen. Um eine solche extrazelluläre Umgebung zu modellieren wurden solche Faktoren definiert in dreidimensionalen Trägerstrukturen immobilisiert. Durch die Verfahren einer maskenbasierten UV-Vernetzung von

Hyaluronsäurederivaten und indirektem μCP von Fraktalkin auf PLA, konnten verschiedene Zell- und auch Proteinadhäsionsmuster innerhalb des KITChips und eines 300 μm breiten mikrofluidischen Kanals erzeugt werden.

Um eine aktive Versorgung von Zellen mit Nährmedium in diesen Strukturen zu ermöglichen, wurde eine Kombination einzelner SMART-Module mit einer durch Ionenspuren erzeugten Porosität der Chips realisiert. Diese wurde beispielhaft anhand einer Kombination aus Ionenstrahllithographie und UV-Modifikation gezeigt. Um eine gegenseitige Beeinflussung der Module zu verhindern, war es erforderlich die SMART-Technologie auf bereits perforierte Folien anzuwenden. Durch ein neu entwickeltes „Doppelmembran-Thermoformen" war es möglich diese porösen Folien mittels Gasdruck zu verstrecken, indem sie während des Formvorgangs durch eine dünne Silikonmembran abgedichtet wurden.

Im zweiten Teil der Arbeit wurde ein neues Werkzeugkonzept entwickelt, dass, im Vergleich zur bisherigen, mikromechanischen Fertigungsmethode, die Herstellung in Form und Größe variierender Trägerstrukturen ermöglichte. Auf Basis einer Standard UV-Lithographie in auf Messing aufgebrachten SU-8 Resists konnten elementare Geometrien in Form von kreisförmigen, drei- und viereckigen sowie hexagonalen Kavitäten in der Größenordnung einiger weniger Zelldurchmesser erzeugt werden.

Die mit Hilfe der neu entwickelten Verfahren hergestellten Prototypen von Zellkulturträgern wurden im Rahmen erster Zellkulturexperimente mit verschiedenen Zelltypen validiert. Neben der allgemeinen Biokompatibilität der einzelnen Strukturen und Verfahren, konnte ein Einfluss der Topographie auf die Morphologie der Zellen, eine kontrollierte Zelladhäsion aufgrund definierter Hyaluronsäuremuster und eine definierte Orientierung der Zellen innerhalb der in Form variierenden Kavitäten festgestellt werden.

Die erzielten Ergebnisse dieser grundlagenorientierten Arbeit zeigen deutlich das Potential der angewendeten Verfahren. Durch die Entwicklung neuartiger Methoden, konnte eine Integration biochemischer und auch biophysikalischer Faktoren in folienbasierten Mikrostrukturen ermöglicht werden, die auch in weiteren Anwendungsgebieten, wie z.B. Lab-on-a-Chip, Verwendung finden können.

Abstract

Reconstruction of the complex microenvironment of cells to generate functional, three-dimensional cell cultures is a major activity in basic biomedical research, tissue engineering, and the development of pharmaceutical substances and requires suitable scaffolds among other things. For this purpose, SMART technology was developed at the Karlsruhe Institute of Technology (KIT). It is based on microthermoforming and enables the production of defined functionalized, polymer microstructures for three-dimensional cell culture. *In vivo*, the behavior of cells is influenced by various biochemical and biophysical cues. SMART technology was further developed to produce novel prototypes of functionalized, three-dimensional cell culture carriers for the *in vitro* analysis of the impact of the above factors.

The first part of the work was dedicated to the development of new SMART modules. To mimic the complex topography of the natural microenvironment of cells, e.g. the micro- and nanoscale topography of the basal membrane of the epithelium, lithographic processes were applied. A novel process was developed for lithography of self-supporting polymer films. DUV, X-ray, and ion-beam lithography processes were adapted to generate structures of a few micrometers in size corresponding to the size of an individual cell in thin thermoplastic films. These structures were then subjected to microthermoforming to produce an array of 25 x 25 microcavities of 300 μm diameter and 300 μm deep (KITChip).

Furthermore, biochemical factors, e.g. cytokines, play an important role in the proliferation or phenotypical differentiation of cells. To model such an extracellular environment, these factors were immobilized in three-dimensional carrier structures in a defined manner. By means of mask-based UV cross-linking of hyaluronic acid derivatives and indirect μCP of fractalkine on PLA, various cell and protein adhesion patterns were generated in the KITChip and a 300 μm wide microfluidic channel.

To enable an active supply of cells with culture medium within these structures, a combination of individual SMART modules with an ion track generated chip porosity was realized. This was exemplarily shown by a combination of ion track technology and patterned UV modification. To prevent the modules from influencing each other, SMART technology was applied to pre-perforated films. Using the newly developed process of “double-membrane thermoforming”, these porous films were covered by a thin silicone membrane and stretched into the moulds by applying gas pressure.

The second part of the work was dedicated to developing a new tool concept for the production of carrier structures of various shapes and sizes. Based on standard UV lithography in SU-8 resists applied to brass, elementary geometries in the form of circular, triangular, square as well as hexagonal cavities were generated. Their size corresponds to roughly the size of a few cells.

The prototypes of the cell culture carriers produced by these novel methods were validated with various cell types in first cell culture experiments. The individual structures and processes turned out to be generally biocompatible. The topography was found to influence the morphology of the cells. Controlled cell adhesion due to defined hyaluronic acid patterns and defined orientation of the cells within the cavities of various shapes were found.

The results reported here clearly demonstrate the potential of the processes applied. Novel methods allowed for the integration of biochemical and biophysical factors in film-based microstructures, which may also be applied to other fields, e.g. lab-on-a-chip.

Inhaltsverzeichnis

1 Einleitung

Die Faszination um das „Tissue Engineering“ (TE), welches im Deutschen auch als Gewebekonstruktion oder Gewebezüchtung bezeichnet wird, und der Wunsch durch Verletzungen und Krankheiten geschädigtes Gewebe oder Organe zu regenerieren, ist schon seit Jahrhunderten in den Köpfen der Menschheit. Der eigentliche Grundstein und somit der Beginn der ‚modernen Ära‘ des TE und dadurch auch der regenerativen Medizin liegt jedoch erst ein Vierteljahrhundert zurück. Erst durch eine stark fortschreitende Entwicklung wissenschaftlicher Methoden ist es möglich, durch einen interdisziplinären Ansatz aus Methoden der Ingenieurswissenschaften, Materialforschung und der Biologie, funktionelle Substitute zur Wiederherstellung, Aufrechterhaltung und Verbesserung einer Gewebefunktion zu entwickeln [1, 2].

Aufgrund der Vielfältigkeit von bioartifiziellem Gewebe, die von dünnen „cell sheets“ über komplexe Gewebekonstrukte bis hin zu einem gesamten, funktionsfähigen Organ führt, umfasst das TE ein breites Aufgaben- und Anwendungsspektrum, von dem vor allem therapeutische Anwendungsfelder einen großen Bereich einnehmen. Da die Regeneration von verschiedenen Verletzungen und Erkrankungen nicht in allen Fällen durch pharmakologische Ansätze beeinflusst werden kann und auch die Transplantation von fremdem Gewebe Risiken mit sich bringt, ist es das Ziel, durch Anwenden künstlicher Gewebekonstrukte neuartige Behandlungsmöglichkeiten zu entwickeln. Durch erste erfolgreiche Ergebnisse in diesem Bereich kann schon heute Patienten durch Hautersatz oder Knorpelerneuerung geholfen werden, und auch weitere einfach strukturierte artifizielle Gewebe, wie z.B. Blase, Hornhaut oder Bronchien, sind in der klinischen Prüfung. Aufgrund dieser ersten Ergebnisse ist aktuell die Entwicklung hoch komplexer Systeme von großem Interesse. In diesem Zusammenhang liegt derzeitig beispielsweise ein Fokus auf der Konstruktion und Integration künstlicher Gefäßsysteme, die eine ausreichende Nährstoff- und Sauerstoffversorgung in allen Schichten des Konstruktes gewährleisten [3].

Neben zahlreichen Fortschritten, die in den letzten Jahren im Bereich des TE erzielt werden konnten, stellte sich jedoch auch mehr und mehr heraus, dass die Entwicklung komplexerer Systeme eine Erweiterung des fundamentalen Verständnisses der Zellen und ihrer Umgebung erfordert. In diesem Zusammenhang ist es vor allem auf Seiten der Technologie und der Biologie notwendig, ausgereiftere Methoden zu entwickeln, die das Zusammenspiel der wissenschaftlichen Disziplinen im Rahmen grundlegender Experimente verdeutlichen.

Während sich aktuell biologische Forschungsgruppen intensiv mit der Stammzellforschung befassen, ist ein weiterer Forschungsschwerpunkt das Design und der Aufbau der jeweiligen Gewebekonstrukte sowie der ihnen zugrunde liegenden Gerüststrukturen (Scaffolds) [4]. Zellen eines natürlichen Gewebes *in vivo* sind in eine komplexe dreidimensionale Mikroumgebung eingebettet. Verschiedene biochemische und auch biophysikalische Einflüsse, die von Seiten der Extrazellulärmatrix (EZM) aber auch durch Zell-Zell-Interaktionen und lösliche Faktoren auf die Zellen einwirken, steuern das Verhalten einzelner Zellen und somit auch die verschiedenen Gewebefunktionen [1]. Abbildung 1.1 zeigt eine schematische Darstellung einer Reihe von möglichen Einflussfaktoren auf eine Zelle *in vivo*.

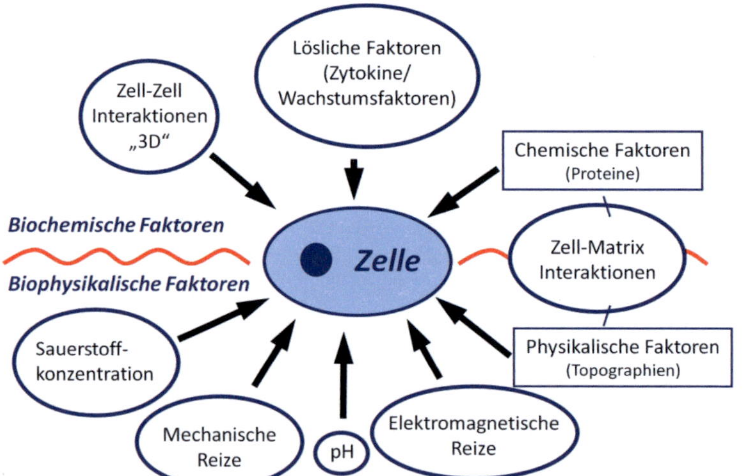

Abbildung 1.1: Schematische Darstellung verschiedener möglicher Einflussfaktoren innerhalb der Mikroumgebung einer Zelle *in vivo*.

Um spezifische Funktionalitäten auch über einen langen Zeitraum in bioartifiziellen Gewebekonstrukten zu gewährleisten, ist es notwendig, die dargestellten Einfluss-faktoren auch *in vitro* zu berücksichtigen. Da in diesem Zusammenhang das

Verständnis der Wechselwirkung zwischen Zellen und ihrer Trägerstruktur unumgänglich ist, widmet sich die Grundlagenforschung bereits seit einiger Zeit dem Studium des Einflusses einzelner Faktoren auf das Verhalten der Zellen.

Im folgenden Kapitel „Stand der Technik“ werden aktuelle Forschungsergebnisse aus diesem Bereich, wie z.B. die Reaktion von Zellen auf eine Anisotropie der Umgebung („contact guidance“), vorgestellt. Neben dem Einfluss zelladhäsiver Signale auf die Funktion von Zellen, spielt jedoch auch die räumliche Anordnung und die dadurch gegebenen Zell-Zell Interaktionen eine große Rolle in der Entwicklung. Im Vergleich zu einer herkömmlichen Monolayerkultur weisen räumlich kultivierte Zellen ein verändertes Verhalten, z.B. bezüglich der Aufrechterhaltung ihres Differenzierungsstatus oder ihrer Stoffwechselaktivität, auf [5]. Schon 1992 konnte die Forschungsgruppe um Bissel zeigen, dass sich menschliche Brust-Epithelzellen in Folge unterschiedlicher Kultivierungsbedingungen verschieden verhalten. Im Vergleich zu einer dreidimensionalen Anordnung, bei der die Zellen ein normales Wachstumsverhalten aufzeigen, entwickeln sich die Zellen bei einer zweidimensionalen Kultivierung in Richtung Tumorzellen [6]. Um sich den komplexen *in vivo* Bedingungen weiter anzunähern, ist es demnach wünschenswert, die aufgezeigten regulativen Faktoren mit einer dreidimensionalen Anordnung der Zellen zu kombinieren. Die praktische Umsetzung einer solchen Struktur und damit die Integration erwünschter Stimuli in einem definierten räumlichen Aufbau ist bisher aufgrund fehlender technologischer Ansätze nur begrenzt möglich. Lediglich einzelne mikro- und nanotechnologische Ansätze, wie z.B. die auf der Softlithographie basierende Methode des „Microcontact Printings“ (μCPs), werden schon zur Integration biochemischer Faktoren verwendet [7].

Bei den aktuell häufig vertretenen Trägerstrukturen, wie z.B. offen- und geschlossenporige Schäume, Hydrogele oder auch mikroporöse Hohlfasern, ist es mit den derzeitig zur Verfügung stehenden Methoden nicht möglich, eine ortsdefinierte Oberflächenfunktionalisierung zu integrieren. Um auch den Einfluss physikalischer Faktoren, wie z.B. Topographien, Elastizitäten oder strukturiert aufgebrachte Proteingradienten, in einer dreidimensionalen Zellkultur zu analysieren, ist es notwendig, neuartige Trägerstrukturen und Methoden zur Funktionalisierung zu entwickeln.

Auch am Karlsruher Institut für Technologie (KIT) besitzt man langjährige Erfahrung mit der Herstellung mehrschichtiger Zellaggregate und dem Einfluss einer räumlichen Kultivierung auf das Verhalten von humanen Hepatozyten [8, 9]. In diesem Zusammenhang wurde vor einigen Jahren ein polymerer, mikrostrukturierter Zellkulturträger, bestehend aus einem Array aus Mikrokavitäten im Chipformat, entwickelt [10]. Mit der Erweiterung der gängigen Herstellungsmethoden des Heißprägens bzw. des Mikrospritzgusses um die Technologie des Mikrothermoformens [11] und der darauf aufbauenden SMART-Technologie (**S**ubstrate **M**odification **A**nd **R**eplication by **T**hermoforming), wurde die Integration von Materialfunktionalisierungen in den Chip ermöglicht [12].

Aufbauend auf ersten vielversprechenden Ergebnissen bei der Herstellung poröser Zellkulturträger [12] ist es das Ziel der vorliegenden Arbeit, auf Basis der SMART-Technologie, verschieden funktionalisierte, polymere Mikrostrukturen für die dreidimensionale Zellkultur herzustellen. Durch Anwenden unterschiedlicher Methoden aus der Mikro- und Nanotechnologie, wie z.B. Lithographie oder µCP, ist es möglich, die Oberfläche von Polymeren zu funktionalisieren und diese in einem anschließenden Thermoformprozess in eine übergeordnete Struktur zu verstrecken. Die auf diese Weise neu erzeugten Demonstratoren werden im Anschluss in Zellkulturversuchen mit verschiedenen Zelllinien charakterisiert, indem sie auf ihre Eignung getestet werden und die Reaktion der Zellen analysiert wird.

Die Arbeit ist wie folgt gegliedert:

Nach dem einführenden Kapitel zum Hintergrund des Tissue Engineerings wird in **Kapitel 2** der aktuelle Stand der Technik sowohl im Bereich Mikrostrukturtechnik in der Biologie als auch im Bereich Mikrothermoformen und SMART erläutert.

Grundlegende, in dieser Arbeit verwendete Materialien und Methoden werden in **Kapitel 3** beschrieben. Neben Herstellerangaben und Eigenschaften zu den verschiedenen Polymeren sind die eingesetzten Zelllinien mit ihren Kulturbedingungen sowie die eingesetzten Protokolle zur Zellfärbung aufgelistet.

Das **4. Kapitel** befasst sich mit den verschiedenen im Rahmen der SMART-Technologie durchgeführten Oberflächenfunktionalisierungen. Neben lithographischen Strukturierungen mittels Tiefen-Ultraviolett- (DUV-Deep

Ultraviolett), Röntgen- und Ionenstrahlen wird die definierte Immobilisierung von bioaktiven Faktoren mit Hilfe von Photoimmobilisierung und µCP aufgezeigt. Erste Zellkulturexperimente zeigen das Potential der Methode.

Zur Erweiterung der im vorherigen Kapitel angewendeten SMART-Technologie wird in **Kapitel 5** die Herstellung neuer Formwerkzeuge dargestellt. Auf Basis einer Standard UV-Lithographie werden Werkzeuge mit sehr kleinen Strukturabmessungen und unterschiedlichen Formen erzeugt.

Kapitel 6 fasst die Ergebnisse zusammen und gibt einen Ausblick auf zukünftige Forschungsschwerpunkte.

Zusätzliche Protokolle und Tabellen befinden sich im **Anhang**.

2 Stand der Technik

2.1 Motivation

Zur Entwicklung funktioneller Substitute zur Wiederherstellung oder Aufrechterhaltung von Gewebefunktionen im Rahmen des Tissue Engineerings ist ein interdisziplinärer Ansatz aus Methoden der Ingenieurwissenschaften, Materialforschung und der Biologie notwendig [4]. Vor allem in der Entwicklung hoch komplexer Systeme, deren Ziel die Integration funktioneller Oberflächen in räumlich gestaltete Trägerstrukturen ist, spielt der Forschungsbereich der Mikrostrukturtechnik eine entscheidende Rolle. Im Folgenden werden aktuelle Methoden und Forschungsergebnisse zu mikrostrukturierten Trägerstrukturen basierend auf mikrostrukturtechnischen Ansätzen vorgestellt.

2.2 Mikrostrukturtechnik und Biologie

Der im 20. Jahrhundert geborene Trend zur Miniaturisierung technischer Bauteile kann vor allem an der rasanten Entwicklung mikroelektronischer Komponenten verdeutlicht werden. Die Übertragung der in dieser Technologie entwickelten Konzepte, Prozesse und Materialien auf nichtelektronische Fachgebiete, wie z.B. Mechanik, Optik, Fluidik oder Biochemie, ist der Ausgangspunkt für die Entwicklung der Mikrostrukturtechnik. Diese kann somit als konsequente Weiterentwicklung des sehr hohen technologischen und theoretischen Erfahrungsschatzes der Mikroelektronik beschrieben werden [13]. Zur Herstellung komplexer Strukturen (2D, 3D) mit definierten Geometrien existieren inzwischen eine Vielzahl von Verfahren, wie z.B. die Silizium-Mikromechanik, das LIGA-Verfahren (Röntgen**li**thographie, **G**alvanoformung und **A**bformung), die Lasermaterialbearbeitung oder auch das Mikrozerspanen [13-15].

Nach dem Einzug der Mikrotechnik im Bereich der sogenannten MEMS (**M**icro-**E**lectro-**M**echanical **S**ystems) zur Herstellung von Mikrosensoren oder anderen Mikrobauelementen ist in den letzten Jahren das Interesse an einer zusätzlichen Anwendung solcher Systeme im biomedizinischen Bereich gestiegen. In dem dadurch aufstrebenden Forschungsgebiet der BioMEMS (**Bio**medical **M**icro-**E**lectro-**M**echanical **S**ystems) werden demnach auf der Mikrotechnologie basierende Bauteile entwickelt, die zur Herstellung, Bearbeitung oder Analyse biologischer und auch chemischer Systeme genutzt werden können. Repräsentiert werden BioMEMS inzwischen durch LOC-Systeme (**L**ab-**o**n-a-**C**hip), µTAS (**M**icro **T**otal **A**nalysis **S**ystems) und auch Drug-Delivery-Systeme [16-18].

Neben der Entwicklung vollständiger Analysesysteme kann auch das Potential einzelner, aus der Mikrotechnik stammender Methoden für die Untersuchung biologischer Fragestellungen genutzt werden. Ein Beispiel hierfür ist die weit verbreitete Methode der Photolithographie. Durch eine maskenbasierte Bestrahlung eines photoempfindlichen Materials (Photoresist) werden Veränderungen in der Molekülstruktur hervorgerufen, durch die in einem anschließenden Entwicklungsschritt Oberflächentopographien im Resist erzeugt werden können [19]. Je nach Bestrahlungsart (z.B. DUV, EUV, X-Ray) und damit variierender Energie können Strukturen mit unterschiedlichen Aspektverhältnissen erzielt werden, die in folgenden Prozessschritten, wie z.B. Ätzen oder Beschichten, zunächst auf den Wafer und in einem weiteren Kopierschritt z.B. mittels Abformung schließlich auf Polymere übertragen werden können. Eine mögliche Anwendung finden auf diese Weise hergestellte Strukturen beispielsweise im Bereich des Tissue Engineerings. Durch das Potential zur Herstellung unterschiedlicher Muster ist es möglich den Einfluss von Oberflächentopographien auf das Verhalten darauf kultivierter Zellen zu untersuchen. Auf diesem Gebiet konnte daher im Laufe der letzten Jahre eine Vielzahl von Ergebnissen erzielt werden, die alle einen signifikanten Einfluss auf die Adhäsion, Orientierung, Migration, Proliferation oder Differenzierung von Zellen zeigen. So reagieren beispielsweise die meisten Zellen auf parallel verlaufenden Mikro- oder Nanogräben mit einer Längsausrichtung entlang der Struktur, was auch als „contact guidance“ bezeichnet wird. Betrachtet man die Zusammenfassung der aktuellsten Ergebnisse in diesem Bereich [20, 21], so ist zu erkennen, dass aufgrund der Fülle der verwendeten Zelltypen, Materialien, Geometrien, Aspektverhältnisse und gemessenen Parametern nur schwer eine klare Aussage bezüglich eines Einflusses gemacht werden kann. Aufgrund dieser Tatsache wurde vor kurzem an der Universität Twente ein auf der Materiomics [22] beruhendes Konzept entwickelt, das die Analyse einzelner Parameter im Hochdurchsatzverfahren ermöglicht. Mit einem 2 x 2 cm^2 großen Chip, der ein Array von etwa 8500 verschiedenen Oberflächentopographien aufweist

(TopoChip), kann das Verhalten von Zellen auf spezifische Muster untersucht werden [23].

Eine weitere weit verbreitete Methode zur Herstellung von Mikrostrukturen ist durch das Verfahren der sogenannten Softlithographie gegeben. Die vor etwa 20 Jahren von Whitesides und seiner Gruppe entwickelte Methode basiert auf der Nutzung weicher und flexibler Materialien, in den meisten Fällen Polydimethylsiloxan (PDMS), um strukturierte Dünnschichten auf Substrate zu übertragen [24-26]. Mittels Photolithographie wird zunächst, z.B. durch die Strukturierung einer Resistschicht auf einem Siliziumwafer, eine Masterstruktur hergestellt. Durch anschließendes Abgießen der Geometrie mit Silikon wird die Struktur übertragen, so dass ein elastischer mikro- bzw. nanostrukturierter Stempel entsteht. Durch Inkubation dieses Stempels mit der gewünschten Substanz (z.B. Thiole, Silane, Proteine) und anschließendem Aufdrücken der modifizierten Oberfläche auf das Substrat werden die Moleküle selektiv im Bereich der Kontaktflächen auf das Substrat übertragen („micro contact printing“ (µCP)). Die auf diese Weise erzeugten mikro- und nanostrukturierten Oberflächen bieten ein hohes Potential für weiterführende Experimente. Die Möglichkeit zur selektiven Anbindung weiterer für die Zellkultur relevanter Proteine und die gleichzeitige Passivierung der Zwischenräume mit zellabweisenden Molekülen (z.B. PEG) ermöglicht die Erzeugung strukturierter Zellmuster oder eine Ko-Kultivierung verschiedener Zellarten mit definierter Anordnung [25, 27]. Desweiteren ist es mit Hilfe dieser Technologie möglich, den Einfluss geometrischer Formen zu untersuchen. In diesem Zusammenhang konnte die Forschungsgruppe um Chen schon vor einigen Jahren zeigen, dass z.B. die geometrische Anordnung der Zellen durch zuvor aufgebrachte Proteinmuster das Verhalten der Zellen nachhaltig beeinflusst. Durch Variation der Adhäsionsfläche konnte zwischen Proliferation und Apoptose der Zellen umgeschaltet werden [28].

Neben den beiden beschriebenen Verfahren der Photolithographie und der Softlithographie finden weitere Methoden aus der Mikrotechnik Anwendung in der biomedizinischen Forschung. Zur Herstellung gezielter Oberflächentopographien werden beispielsweise mechanische Mikrofertigungsmethoden, Laserverfahren oder auch Imprint- und Abformtechnologien [29, 30] angewandt.

Trotz einer Vielzahl möglicher Technologien und Methoden zur Funktionalisierung von Substraten ist die Oberflächenfunktionalisierung eines dreidimensionalen

Scaffolds auch heute noch eine Herausforderung. Viele Gerüststrukturen, wie z.B. Hydrogele, Hohlfasern oder auch Schäume, lassen sich lediglich mit äußeren Faktoren wie Temperatur, pH-Wert, Sauerstoffgehalt oder elektrischen Feldern [31] kombinieren. Eine direkte Oberflächenfunktionalisierung durch Lithographie oder µCP konnte im Rahmen dieser Strukturen jedoch noch nicht gezeigt werden.

Im Fall einfacher polymerer „Micro-Well-Arrays" hingegen können erste Fortschritte im Rahmen der definierten Oberflächenstrukturierung durch die Anwendung gewölbter Masken oder einer direkten Schreibmethode mittels Laserlithographie [32, 33] erzielt werden. Auch das definierte Aufbringen biologischer Moleküle innerhalb polymerer Kavitäten konnte bereits anhand einer kombinierten Methode aus Photolithographie und Softlithographie gezeigt werden. Mittels µCP können bioaktive Moleküle in definierten Bereichen einer Werkzeugstruktur immobilisiert und in einem anschließenden Spritzgussverfahren auf die Polymeroberfläche übertragen werden [34].

Neben diesen ersten, aber teilweise noch sehr aufwendigen Methoden zur Strukturierung gekrümmter Oberflächen, wurde schon vor einigen Jahren am KIT das Verfahren des Mikrothermoformens und die darauf aufbauende SMART-Technologie entwickelt. Das Potential und erste Ergebnisse dieser fortgeschrittenen und kostengünstigen Methode zur Fertigung funktionalisierter, polymerer Mikrostrukturen für die dreidimensionale Zellkultur werden im nächsten Kapitel aufgezeigt.

2.3 Mikrothermoformen und die SMART-Technologie

Ein weitverbreitetes Verfahren zur makroskopischen Umformung thermoplastischer Kunststoffe ist das Thermoformen [35, 36]. Dieses hauptsächlich zur Herstellung dünnwandiger Verpackungen genutzte Verfahren zeigt aber auch die Möglichkeit für eine Anwendung im Bereich der Mikrostrukturtechnik. Der Transfer dieser makroskopischen Technologie in den Mikrometerbereich, und somit die Geburt des sogenannten „Mikrothermoformens", wurde vor etwa 10 Jahren von Truckenmüller et al. [37] gezeigt. Im Vergleich zu anderen Replikationstechniken, wie z.B. dem Heißprägen oder dem Spritzgussverfahren, bei dem das Polymer bereits im geschmolzenen, flüssigen Zustand vorliegt, basiert das Mikrothermoformen auf der Formänderung des Materials im thermo- bzw. gummielastischen Zustand. Das Prinzip einer Verfahrensvariante, das Hochdruck-Mikrothermoformen mittels Gasdruck, ist in Abbildung 2.1 dargestellt.

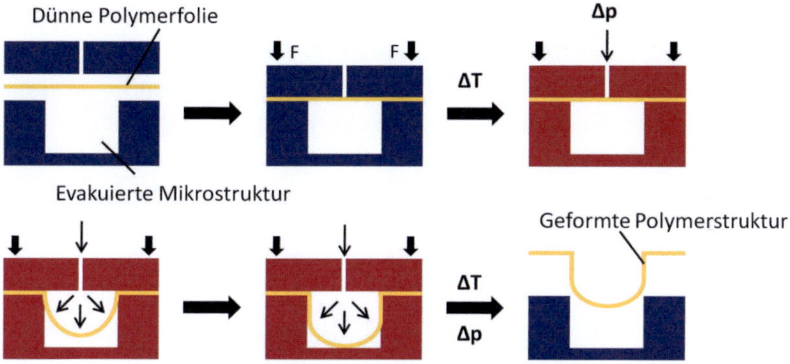

Abbildung 2.1: Prozessabfolge des Mikrothermoformvorgangs mittels Gasdruck.

In Anlehnung an das makroskopische Verfahren wird beim Mikrothermoformen eine dünne, freitragende Polymerfolie (thermoplastisch verarbeitbarer Kunststoff) in ein speziell angefertigtes Messingformwerkzeug eingebracht (a). Durch anschließendes Aufwenden einer Kraft von bis zu 60 kN kann die Folie fest zwischen der strukturierten Form und der Gegenplatte eingespannt und ein Verrutschen verhindert werden (b). Um die Folie in die zuvor evakuierte Form zu verstrecken, wird zunächst der gesamte Werkzeugverbund bis in den Erweichungsbereich oder auch Glasübergangsbereich des verwendeten Polymers erwärmt. Wird die für jedes Material charakteristische Glasübergangstemperatur T_g, die den Übergang vom Glasbereich in den entropieelastischen Bereich beschreibt, erreicht, geht die Folie in einen thermoelastischen Zustand über (c), wodurch sich das Material durch Aufbringen eines geeigneten Drucks (1,5-5 MPa) einformen lässt (d-e). Zum Entformen der Folie unter Erhaltung der Form wird diese in einem letzten Schritt unter Beibehalten des Drucks in den Glasbereich abgekühlt. Durch anschließende Rücknahme des Drucks und auch der Kraft lässt sich das verstreckte Polymer aus dem Werkzeug entnehmen (f).

Für eine geplante Anwendung dieser Technologie im Bereich der dreidimensionalen Zellkultur musste jedoch zunächst ein geeignetes Formwerkzeug entwickelt werden. Ausgehend von zahlreichen Erkenntnissen im Bereich multizellulärer Sphäroide und der Notwendigkeit einer ausreichenden Nährstoffversorgung der Zellen in den thermogeformten Kavitäten, wurde ein 1 cm^2 großes Array aus 25 x 25 Vertiefungen mit einer Tiefe von 300 µm und einem Durchmesser von 350 µm in der Formplatte realisiert [38]. Durch Einformen polymerer Folien in diese Struktur können mikrostrukturierte Zellkulturarrays (KITChips) erzeugt werden. Abbildung 2.2 zeigt eine lichtmikroskopische Seitenaufnahme einer einzelnen Kavität innerhalb des Chips mit einem Durchmesser von 350 µm, der durch den weißen Pfeil am oberen Bildrand dargestellt ist.

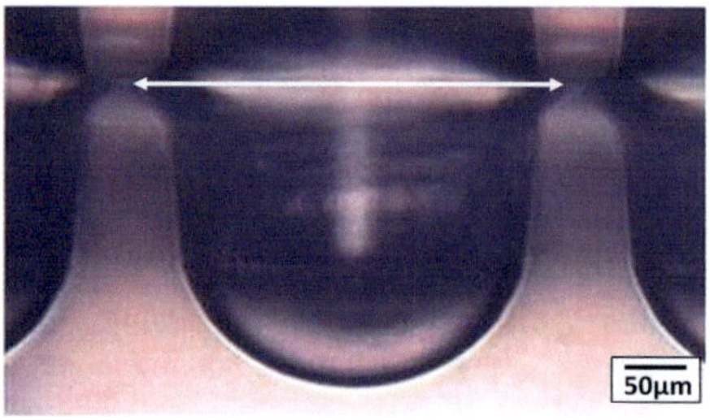

Abbildung 2.2: Lichtmikroskopische Seitenaufnahme einer thermogeformten Kavität mit einem Durchmesser von 350 µm (weißer Pfeil).

Durch die erhöhte Nachfrage thermogeformter Strukturen in den verschiedensten Bereichen, wie z.B. der Mikrofluidik, kann eine stetige Weiterentwicklung der Technologie realisiert werden. Um Prototypen neuartiger Strukturen mit geringem Arbeits- und Kostenaufwand herstellen zu können, wurde vor kurzem am KIT, IBG-1, ein zweiter Aufbau einer Thermoformanlage realisiert. Neben dem Austausch der Hydraulik, mit dem die Werkzeughälften computergesteuert verfahren werden können, durch einfache, mechanisch verschließbare Werkzeugplatten, wurde auch das Konzept der Formplatten verändert. Während im ersten Aufbau aufwändig mikromechanisch strukturierte, 9 mm dicke Messingplatten als Formwerkzeug verwendet werden, dienen an der zweiten Anlage lediglich 300 µm dicke, mit Durchlöchern versehene Messingbleche (Kulissenmasken) zwischen 2 ebenen Messinggrundplatten als Einformwerkzeug. Das patentierte Konzept rund um die Kulissenmasken [39] ermöglicht, aufgrund einer im Vergleich zur Strukturierung genormter Messingplatten kostengünstigen Herstellungsmethode, die Konstruktion verschiedener Prototypen mit variierenden Formen und Anordnungen.

Ein entscheidender Vorteil der Technologie des Mikrothermoformens liegt in der Umformung des Materials im thermoelastischen Bereich. Im Vergleich zu anderen Fertigungsverfahren, die zum Bereich des Urformens gehören und bei denen das Polymer in den flüssigen Zustand gebracht wird, wie beispielsweise beim Spritzgießen, bleibt der Materialzusammenhang in diesem Vorgang bestehen und ermöglicht es daher, zuvor aufgebrachte Oberflächenfunktionalisierungen auch während des Formvorgangs zu erhalten. Zur Realisierung von Modifikationen auf gekrümmten Oberflächen wurde daher die auf dem Mikrothermoformen basierende SMART-Technologie (**S**ubstrate **M**odification **A**nd **R**eplication by **T**hermoforming) entwickelt, deren Prinzip in Abbildung 2.3 dargestellt ist [12].

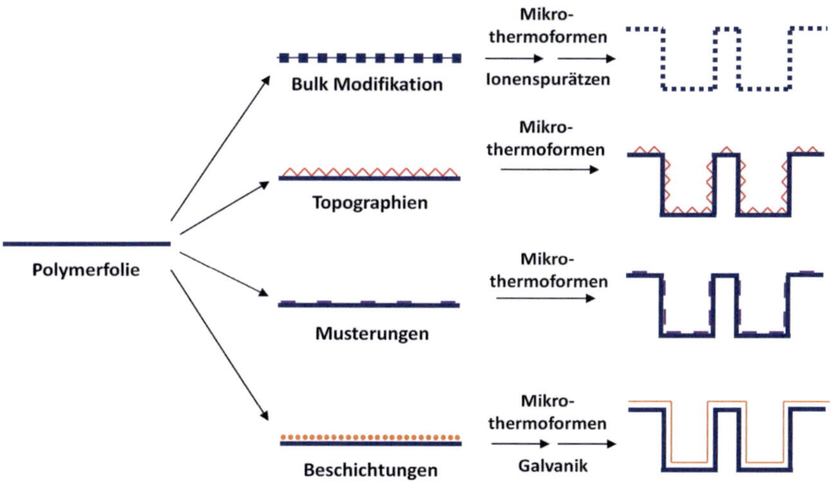

Abbildung 2.3: Verschiedene Module der SMART-Technologie. Durch die Kombination verschiedener Oberflächenmodifikationen mit dem Mikrothermoformen lassen sich unterschiedlich funktionalisierte Zellkulturarrays erzeugen (verändert nach Giselbrecht et al. [12]).

Die Vielzahl möglicher Oberflächenfunktionalisierungen ist anhand vier verschiedener Module demonstriert, die neben einer Modifikation des gesamten

„Bulkmaterials“ auch das Erzeugen von Topographien, die Immobilisierung biochemischer Faktoren oder die Beschichtung der Oberfläche beinhalten. Durch einen dreistufigen Prozesses, der aus einer Funktionalisierung einer unbehandelten Polymerfolie („pre-process“), dem Mikrothermoformen („core-process“) und einer möglichen nachträglichen Modifikation („post-process“) besteht, können funktionalisierte, mikrostrukturierte Trägerstrukturen erzeugt werden, die u.a. Anwendung in der dreidimensionalen Zellkultur finden.

Auf Basis dieser Technologie konnten im Laufe der letzten Jahre erste vielversprechende Ergebnisse erzielt werden. Neben strukturierter Zelladhäsion durch maskenbasierte UV-Bestrahlung und dem definierten Aufbringen von Goldelektroden in den Kavitäten durch einen Sputterprozess und anschließender stromloser Galvanik [12] konnten auch Nanoimprint Strukturen auf der Oberfläche der Kavitäten realisiert werden [40-43]. Mit dem Ziel die auf diese Weise hergestellten Strukturen in der Zellkultur zu nutzen, konnte noch ein weiteres Modul der Technologie entwickelt werden. Um die notwendige Nährstoffversorgung der Zellen im Chip zu verbessern, ist es möglich das gesamte Material mit einer Vielzahl von Poren zu versehen, die ein Durchströmen der einzelnen Kavitäten mit Medium von allen Seiten ermöglicht. Durch Anwenden eines Bioreaktors mit geeigneten Pumpen kann somit, im Vergleich zu einer reinen Diffusion des Mediums von der Kavitätenöffnung her, eine ideale Versorgungssituation der Zellen auch in der Mitte der Zellaggregate geschaffen werden. Die Realisierung dieser Modifikation basiert auf dem Verfahren der Ionenstrahllithographie, die in dem hier beschriebenen Fall an der GSI in Darmstadt mittels Schwerionen durchgeführt wurde. Mit Hilfe des Linearbeschleunigers UNILAC wurden planare Polycarbonat-Folien senkrecht zur Oberfläche mit Schwerionen hoher Energien (MeV-GeV) bestrahlt, was zu Brüchen der Polymerketten entlang der Ionenspur führte [44, 45]. Da diese Bereiche im Vergleich zum unbestrahlten Material abweichende Materialeigenschaften, wie z.B. eine reduzierte physikalische und chemische Beständigkeit aufwiesen, konnten diese in einem „post-process“ nach dem Thermoformen durch nasschemisches Ätzen in wässriger 5N NaOH/10% w/v MeOH Lösung geätzt werden, so dass eine geeignete Anzahl von Poren, deren Durchmesser durch die Entwicklungszeit einstellbar ist, im Chip realisiert werden konnte [12, 46]. Abbildung 2.4 zeigt verschiedene Aufnahmen eines porösen KITChips.

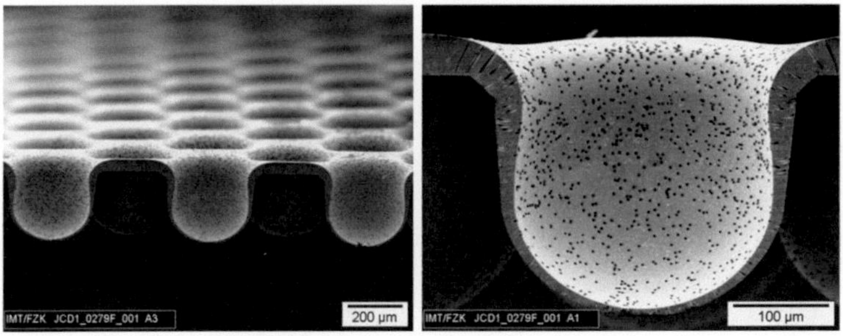

Abbildung 2.4: Rasterelektronenmikroskopische Aufnahmen eines porösen KITChips aus Polycarbonat [47].

Aufbauend auf die in diesem Kapitel dargestellten Methoden werden im Rahmen dieser Arbeit aktuelle Forschungsergebnisse zur Entwicklung neuartiger SMART Module, deren Charakterisierung und auch erste Anwendungen in der Zellbiologie vorgestellt.

3 Material und Methoden

3.1 Motivation

Für die Entwicklung, Charakterisierung und biologische Validierung funktionalisierter, polymerer Mikrostrukturen für die dreidimensionale Zellkultur, wurden in der vorliegenden Forschungsarbeit verschiedene Materialien und Methoden angewendet. Da sich zur Herstellung funktionalisierter Mikrostrukturen mittels Mikrothermoformen eine Reihe amorpher Polymere eignen, wurden im Verlauf dieser Arbeit verschiedene, für die jeweilige Funktionalisierung passende, Polymere getestet und angewendet.

Da Polymethylmethacrylat (PMMA) als strahlungsempfindlicher „Resist" aus dem Bereich der Lithographie bekannt ist, wurde dieses Material für die Oberflächenfunktionalisierung mittels Photolithographie eingesetzt. Für die Anwendung der Ionenstrahllithographie und der Ionenspurtechnologie stellt Polycarbonat (PC) einen geeigneten Kandidaten dar [45], so dass auch verschiedene PC-Folien angewendet wurden.

Um neben einer Funktionalisierung der Oberfläche die für das TE entscheidenden Faktoren der Bioverträglichkeit und der biologischen Abbaubarkeit der verwendeten Materialien zu berücksichtigen, wurden außerdem einzelne Experimente mit Polylactiden (PLA) durchgeführt.

Zur abschließenden Charakterisierung der biologischen Funktionalität der Trägerstrukturen wurden verschiedene Zelllinien angewendet und unterschiedliche Fixations- und Färbemethoden durchgeführt. Details der verwendeten Materialien und Methoden sind in den folgenden Tabellen 3.1, 3.2 und 3.3 zusammengefasst.

3.2 Polymere

Tabelle 3.1: Charakterisierung der im Rahmen der vorliegenden Forschungsarbeit angewendeten Polymere.

Material	Bezeichnung	Firma	Dicke	Anwendungsgebiet
PMMA	Degalan 67E/SPA 87/1	Evonic Röhm GmbH, Darmstadt	120 µm	DUV-Lithographie (Kapitel 4.2.1)
PMMA	Superclear OF022	Evonic Röhm GmbH, Darmstadt	125 µm	Röntgenlithographie (Kapitel 4.2.2)
PC	Pokalon OG 461 GL	Lofo High Tech Film GmbH, Weil am Rhein	50 µm	Ionenstrahllithographie (Kapitel 4.2.3)
PC	Ionenspurmodifiziert ($1 \cdot 10^6$ Ionen$\cdot$cm^{-2})	it4ip, Seneffe Belgien	65 µm	SMART-Kombination (Kapitel 4.4)
PLA	Earthfirst	Sidaplax V.O.F. Plastic Suppliers, Inc., Gentbrugge, Belgien	25 µm	• Definierte Immobilisierung bioaktiver Faktoren (Kapitel 4.3) • SU8 Formwerkzeuge (Kapitel 5.2)

3.3 Zellkultur

Tabelle 3.2: Die zur biologischen Validierung angewendeten Zelllinien, der Hersteller und ihr Anwendungsgebiet.

Bezeichung	Zelllinie	Firma	Anwendung
HeLa	Humane Zelllinie aus Gebärmutterhals-karzinom	ATCC (CCL), Rockville, Maryland, USA	Einfluss von Topographien und Formgebung auf Zellmorphologie
Typ HepG2	Humane Hepatoblastomzelllinie	ATCC, Ref. Nr. HB8065, Manassas, VA, USA	Einfluss von Oberflächen-beschichtungen auf Zelladhäsion
Typ L929	Mausfibroblasten-zelllinie	ATCC, Stamm: C3H/an, Designation: NCTC Klon 929	Einfluss von Oberflächen-beschichtungen auf Zelladhäsion

3.4 Färbemethoden

Tabelle 3.3: Protokolle der zur Visualisierung des Zellverhaltens angewendeten Färbemethoden und ihr Anwendungsgebiet.

Bezeichnung	Methode	Anwendung
Kristallviolettfärbung	• Medium absaugen • Waschen mit isotonem Phosphatpuffer (PBS) (PAA) • 30 minütige Inkubation der Zellen mit 0,5%iger Lösung von Kristallviolett (Serva) in Methanol/Wasser (20/80) • Lichtmikroskopische Auswertung	Visualisierung der Zellverteilung
Lebend-Tod-Färbung	• Medium absaugen • Waschen mit isotonem PBS • 30 minütige Inkubation der Zellen mit 0,5% Syto 16® (Invitrogen) und 0,1% Propidiumiodid (Fluka) in Medium • Fluoreszenzmikroskopische Auswertung	Quantitative Aussage über Zellvitalität
Immunfluoreszenzfärbung	• Anfärben der Actinfilamente mit fluoreszenzmarkiertem Phallotoxin Alexa 488 Phalloidin • Anfärben der Zellkerne mit DAPI • Für Details siehe Protokoll im Anhang A.1	Analyse der Zellmorphologie

4 SMART-Technologie

4.1 Motivation

In der aktuellen Forschung greifen immer mehr Bereiche, wie z.B. die regenerative Medizin oder die Behandlung von genetischen Defekten und auch Krebs, auf das Potential von Stammzellen zurück, wodurch immer neue Fragestellungen in der *in vitro* Differenzierung aufgeworfen werden. Es ist bekannt, dass sich adulte Stammzellen *in vivo* in komplexen, gewebespezifischen Nischen befinden, deren Aufgabe es ist, die Zellen physikalisch zu lokalisieren und ihre Funktionen zu regulieren [48, 49]. Um auch *in vitro* einen solchen gerichteten Einfluss auf die Stammzellen ausüben zu können, ist es das Ziel, eine solche Nische auch außerhalb des lebenden Organismus aufzubauen. Für die Realisierung dieser Aufgabe ist es jedoch notwendig, die sehr komplexe Mikroumgebung der Zellen innerhalb der Nischen, die neben löslichen und anderen biochemischen Faktoren auch physikalische Faktoren beinhaltet, nachzuahmen. Neben aktuellen Forschungsergebnissen, die bereits sehr einfache Modelle zur Nachbildung einer solchen Umgebung zeigen [50-52], wurden im Rahmen der vorliegenden Arbeit, basierend auf der zuvor beschriebenen SMART-Technologie, neue Methoden zur Herstellung funktionalisierter und mikrostrukturierter Zellkulturträger entwickelt. Auf Basis dieser neuartigen Strukturen kann der Einfluss spezieller biochemischer und auch biophysikalischer Faktoren auf das Verhalten von Zellen *in vitro* in Kombination mit einer dreidimensionalen Kultivierung der Zellen untersucht werden. Im Folgenden werden die Herstellungsmethoden, Ergebnisse und Anwendungen der verschiedenen Prozesse zur Erzeugung von Topographien, Mustern aus kovalent angebundenen Molekülen und definierten Proteinstrukturen innerhalb von dreidimensional geformten Polymerstrukturen aufgezeigt.

4.2 Topographien

4.2.1 DUV-Lithographie

Im Rahmen der stetig wachsenden Forschungsaktivität auf dem Gebiet des TE zeigt sich mehr und mehr, dass die Mikroumgebung der Zellen, wie z.B. biophysikalische Faktoren, einen entscheidenden Einfluss auf das Verhalten der Zellen nimmt. In diesem Zusammenhang gibt es bereits erste grundlegende Ergebnisse, die einen signifikanten Einfluss planarer mikro- und nanostrukturierter Oberflächen auf unterschiedliche Aspekte des Verhaltens von Zellen, wie z.B. in Bereichen der Adhäsion, Orientierung und Migration, zeigen [20, 21, 29]. Neben diesen Ergebnissen, die hauptsächlich aus Versuchen auf flachen Substraten und daher überwiegend aus Monolayer-Kulturen resultieren, ist es erstrebenswert im Bereich des TE einen solchen Einfluss auch am Beispiel dreidimensionaler Gewebekonstrukte zu analysieren. Die dazu benötigten hierarischen Strukturen, die aus dreidimensionalen Trägerstrukturen mit integrierten Topographien bestehen und daher verschiedene Größenabmessungen kombinieren, können bislang jedoch nur eingeschränkt realisiert werden. Verschiedene bereits bestehenden Methoden zur Strukturierung gekrümmter Oberflächen, wie z.B. die Anwendung gewölbter Masken oder eine direkte Schreibmethode mittels Laserlithographie [32, 33], sind sehr aufwendig und weisen häufig Limitierungen im Bereich der Massenproduktion oder auch in der Anwendung stark gekrümmter Oberflächen auf. Auch die kürzlich von Fernandez et al. vorgestellte neuartige Methode der Mikrostrukturierung dreidimensionaler Chitosan Oberflächen [53] weist Einschränkungen in der Materialwahl und aufgrund der chemischen Reaktion mit Essigsäure eine Begrenzung innerhalb einer zusätzlichen biochemischen Funktionalisierung auf. Wegen der bisher stark eingeschränkten Realisierung solcher Strukturen, wurde daher im Rahmen dieser Arbeit ein neuartiges auf der DUV-Lithographie basierendes SMART-Modul entwickelt, das die Herstellung polymerer Trägerstrukturen für die dreidimensionale Zellkultur mit integrierter Topographie auch auf stark gekrümmten Oberflächen ermöglicht.

Um in einem ersten Schritt der Herstellung („pre-process“) die Erzeugung mikrostrukturierter Oberflächentopographien auf polymeren Membranen ermöglichen zu können, wurde zunächst ein neues lithographisches Verfahren etabliert. Im Unterschied zur klassischen Lithographie, bei der auf Siliziumwafer aufgebrachte Photolacke (Resists) verwendet werden, beruht diese neue Methode auf der Direkt-

Lithographie in freitragenden Polymerfolien. PMMA ist bereits als geeignetes Resistmaterial vor allem im Bereich der Röntgenlithographie bekannt. Um diese Eigenschaft auch im Rahmen der DUV-Lithographie zu testen, stellte die 120 µm dicke Degalan PMMA-Folie die Basis erster Versuche dar. Um zunächst die prinzipielle Durchführbarkeit der Direkt-Lithographie anhand des ausgewählten Materials zu zeigen, wurde in einem ersten Schritt die Oberfläche der ebenen Folie modifiziert, indem das Material mittels eines „double side mask aligners" (EV Gruppe, Schärding, EVG, Österreich) mit einer Wellenlänge von 241 nm durch eine Quarz-Chrom-Maske bestrahlt wurde. Da innerhalb erster Experimente, bei denen die Bestrahlungsdosis zwischen 4 $J \cdot cm^{-2}$ und 7 $J \cdot cm^{-2}$ variiert wurde, die besten Ergebnisse bei einem Wert von 6 $J \cdot cm^{-2}$ erzielt werden konnten, wurde in weiterführenden Versuchen mit dieser Energie gearbeitet. Da aus zahlreichen Veröffentlichungen bekannt ist, dass vor allem Strukturgrößen im unteren Mikrometerbereich einen signifikanten Einfluss auf Zellen ausüben [21, 29], wurden drei verschiedene Quarz-Chrom-Masken mit einer 8 x 8 μm^2 Absorberstruktur mit einem Abstand von je 2 µm, einem Linienmuster mit 5 µm breiten Chromstrukturen und 2 µm Abständen und eine konzentrische Kreisstruktur mit ebenfalls 5 µm breiten Strukturen und 2 µm Abständen angewendet.

Für eine topographische Abbildung der verwendeten Strukturen im Material, wurde in Anlehnung an das Verfahren der klassischen Lithographie ein anschließender Entwicklungsschritt durchgeführt. Im Fall vollständig charakterisierter Resistschichten im Standardprozess der DUV-Lithographie werden durch eine solche Bestrahlung zunächst die Abspaltung von Methylester Seitengruppen hervorgerufen und in der Folge Hauptkettenbrüche innerhalb der Polymerketten induziert [54], die wiederum zu einer Verminderung des Molekulargewichtes und gleichzeitig zu einer Erhöhung der Löslichkeit des Materials in den bestrahlten Bereichen führen. Durch Anwenden spezieller Lösungsmittel im Anschluss an die Bestrahlung können daher die Absorberstrukturen der verwendeten Masken in Form von Topographien abgebildet werden [19]. Auf Basis dieser Tatsache wurden auch die in dieser Methode verwendeten, allerdings noch nicht vollständig charakterisierten, freitragenden PMMA-Folien nach dem Bestrahlungsvorgang entwickelt, um auch hier die Möglichkeit einer Abbildung der Strukturen zu testen. Dazu wurden zwei verschiedene Standardentwickler bei Raumtemperatur verwendet [55]. Für den eigentlichen, hier 60-minütigen, Entwicklungsschritt wurde der GG-Entwickler verwendet, welcher aus 60% Diethylenglycolmonobutylether (Merck, Hohenbrunn),

20% Morpholin (Merck), 15% deionisiertem Wasser und 5% Ethanolamin (Merck) besteht. Der BDG-Entwickler wurde zum 5-minütigen Abstoppen des ersten Vorganges genutzt und besteht aus 80% Diethylenglycolmonobutylether und 20% deionisiertem Wasser. In einem abschließenden, 5-minütigen Schritt zum Entfernen noch vorhandener Lösungsmittelreste wurden die Proben in deionisiertem Wasser gespült. Das Ergebnis ist anhand rasterelektronenmikroskopischer Aufnahmen (REM Aufnahmen) in Abbildung 4.1 dargestellt und weist Strukturhöhen von etwa 10 µm auf.

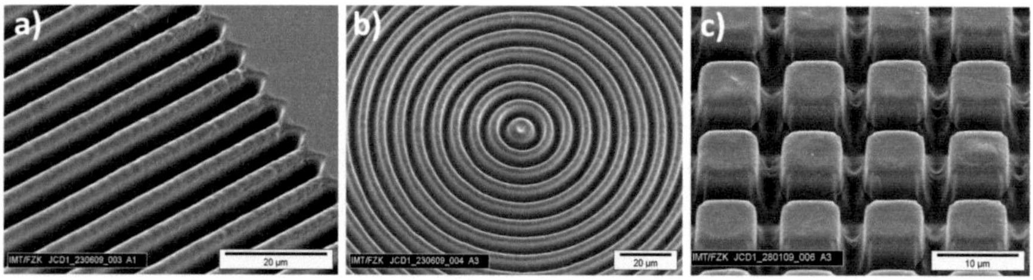

Abbildung 4.1: REM-Aufnahmen DUV-lithographisch erzeugter Strukturen mit einer Höhe von etwa 10 µm. a) Linienmuster (Strukturbreite: 5 µm, Abstand: 2 µm), b) Konzentrische Kreisstruktur (Strukturbreite: 5 µm, Abstand: 2 µm), c) Säulenstruktur (Struktur: 8 x 8 µm^2, Abstand: 2 µm).

Anhand der dargestellten Resultate wird deutlich, dass die hier angewendete PMMA-Folie prinzipiell als Resistmaterial für eine DUV-Bestrahlung geeignet ist und die neu entwickelte Methode der Direkt-Lithographie in freitragenden Polymerfolien eine Strukturierung der PMMA-Oberfläche ermöglicht. Im Vergleich zur Standard DUV-Lithographie [56], bei der nahezu senkrechte Strukturen mit glatten Oberflächen hergestellt werden können, weist jedoch die obige, nahezu konturgetreue Abbildung der unterschiedlichen Muster bei einer starken Vergrößerung leicht abgerundete Ecken und geringe Unebenheiten in den Zwischenräumen auf. Dieser Effekt ist darin zu begründen, dass im Vergleich zur Standard DUV-Lithographie keine definierte Bestrahlung bis auf ein nicht strukturierbares Substrat (z.B. Silizium) durchgeführt, sondern das Material nur bis zu einer gewissen Tiefe belichtet wurde. Auftretende Dosisprofile resultieren daher in entsprechenden Entwicklungsprofilen, die als Unregelmäßigkeiten in den Aufnahmen zu erkennen sind. In weiterführenden Experimenten ist zu untersuchen, ob durch eine Variation der Entwicklungsdauer in den verschiedenen Lösungen oder auch durch Änderungen innerhalb weiterer wesentlicher Parameter, wie beispielsweise der Temperatur, eine Optimierung dieser Ergebnisse, wie z.B. die Reduktion von Verrundungen und Unebenheiten, erreicht werden kann.

Um die Zielsetzung einer Überlagerung solcher topographischer Strukturen mit einer räumlichen Formgebung der Folie zu erreichen, wurde im Folgenden der Prozess der DUV-Lithographie mit dem Mikrothermoformen kombiniert. Wie oben beschrieben, stellte die DUV-Bestrahlung der Folie den „pre-process“ in der SMART-Technologie dar. Zur Erzeugung dreidimensionaler Strukturen wurden die Materialien direkt im Anschluss ohne Entwicklungsschritt thermogeformt, wobei darauf zu achten war, dass die Strukturoberseite richtig in Bezug auf das Formwerkzeug orientiert war. Das Herauslösen der bestrahlten Bereiche wurde erst nach dem Thermoformen durchgeführt und stellte den „post-process“ dar.

Abbildung 4.2: DUV-strukturierter PMMA KITChip mit einer überlagerten etwa 10 µm hohen Säulenstruktur (8 x 8 µm^2 mit 2 µm Abständen) und einer Tiefe der Kavitäten von etwa 100 µm (REM Aufnahmen).

Abbildung 4.2 zeigt zwei REM Aufnahmen eines mit dem zuvor beschriebenen quadratischen Muster strukturierten KITChips (Quarz-Chrom-Maske wie bei flacher Struktur). Die Tiefe der Kavitäten beträgt ca. 100 µm. Es ist deutlich zu erkennen, dass die etwa 10 µm hohen Strukturen bzw. deren Vorstufen in Form von entsprechend eingestrahlten Bildern den Thermoformprozess (109°C, 32 bar) überstanden und nach den einzelnen Schritten auf den Stegen der Chips sowie auch in den Kavitäten wieder zu finden waren. Es ist lediglich eine leichte Verzerrung des

Musters zu erkennen, was durch die unterschiedlich starke Verstreckung des Folienmaterials während des Thermoformvorgangs zu erklären ist. Zur Kompensation dieses Effektes ist es möglich durch Kenntnis der lokalen Verstreckfaktoren, die sich beispielsweise aus der Verzerrung des Musters ermitteln lassen, eine Vorverzerrung der Strukturen schon in das Muster der verwendeten Masken einzuarbeiten.

Zur Charakterisierung dieser Strukturen wurde im Folgenden der Einfluss der gezeigten Oberflächentopographien auf den Vorgang des Mikrothermoformens untersucht. Die wie schon zuvor beschrieben für das Thermoformen wichtigen Kenngrößen des Glasübergangsbereiches und der damit verbundenen Glasübergangstemperatur T_g werden durch eine erhöhte Wärmebewegung der Moleküle beschrieben und hängen daher von der Molekularstruktur des Materials ab. Da eine DUV-Bestrahlung der PMMA-Folie jedoch, durch Bindungsbrüche in den Polymerketten, eine Veränderung in der molekularen Struktur hervorruft, ist zu analysieren, inwiefern eine Bestrahlung des Materials Einfluss auf die Verformbarkeit der PMMA-Folie nimmt. Die im Rahmen dieser Arbeit gezielt eingesetzte Methode der Dynamischen Differenzkalorimetrie (engl. Differential Scanning Calorimetry – DSC) stellt eine Möglichkeit dar, den Glasübergangsbereich unterschiedlicher Proben zu bestimmen. Die DSC ist eine thermische Methode, mittels der die aufgenommene bzw. abgegebene Wärmemenge einer Probe im Vergleich zu einer Referenzprobe als Funktion der Temperatur aufgezeichnet werden kann. Da physikalische Vorgänge, wie z.B. Phasenübergänge, durch exotherme bzw. endotherme Vorgänge charakterisiert sind, zeigen diese innerhalb der Messmethode eine Veränderung im Wärmefluss. Der Glasübergangsbereich eines Polymers kann daher als leicht ansteigender Wärmefluss beobachtet werden, dessen Wendepunkt, mathematisch gesehen, den Glasübergangspunkt T_g charakterisiert.

Um den Einfluss der DUV-Bestrahlung und der dadurch auftretenden Materialveränderungen an der Oberfläche und den angrenzenden Schichten des Bulkmaterials auf den Glasübergang zu untersuchen, wurden drei flächenmäßig unterschiedlich belichtete PMMA-Folien zum einen mittels Gel-Permeations-Chromatographie (GPC, DKI Darmstadt) auf ihr Molekulargewicht und zum anderen mit einer DSC-Messung (Klaus Feith, IMT, KIT) analysiert. Zuvor wurden die Proben vorbereitet, indem sie bei einer Wellenlänge von 241 nm mit einer Dosis von 6 $J \cdot cm^{-2}$ flutbelichtet und eine Weitere mit dem schon oben beschriebenen quadratischen Muster bestrahlt wurde. Die dritte Folie wurde nicht bestrahlt, um eine mögliche

Veränderung deutlich zu machen. Es ist zu beachten, dass aufgrund hoher Absorption im DUV-Bereich und dadurch geringer optischer Eindringtiefe (ca. 10 µm) nur kleine Teile der Folienvolumina bestrahlt wurden. Im Fall beider Messungen handelt es sich jedoch um Mittelwerte über das gesamte Volumen der Folie und daher über einen Großteil unmodifizierten Materials. In Tabelle 4.1 sind die Molekulargewichte M_n (Zahlenmittel) zusammengefasst dargestellt.

Tabelle 4.1: Molekulargewicht M_n einer unbestrahlten PMMA-Folie sowie einer mit 6 $J \cdot cm^{-2}$ musterbestrahlten und einer flutbelichteten Folie (DKI, Darmstadt).

PMMA	Unbestrahlt	Musterbestrahlt	Flutbelichtet
Molekulargewicht M_n [$g \cdot mol^{-1}$]	$6{,}0466 \cdot 10^4$	$4{,}7834 \cdot 10^4$	$3{,}9960 \cdot 10^4$

Es ist deutlich zu erkennen, dass es durch eine DUV-Bestrahlung der PMMA-Folie zu einer Veränderung des Molekulargewichts kommt. Durch das Einwirken ionisierender Strahlung auf das Polymer, werden Bindungen in der molekularen Struktur aufgebrochen, die zu einer Verringerung des Molekulargewichts in Abhängigkeit der bestrahlten Volumina ($\Delta M_{n\ musterbestrahlt}$: 21%, $\Delta M_{n,\ flutbelichtet}$: 34%) und gleichzeitig zu einer Erhöhung der Löslichkeit des Polymers führen.

Desweiteren führt eine Veränderung der molekularen Struktur der Oberfläche und des oberflächennahen Materials zu einer geringen Verschiebung des Glasübergangsbereiches hin zu niedrigeren Temperaturen. Die durch die Verringerung des Molekulargewichts entstehenden Veränderungen in der Molekülorientierung beeinflussen direkt die Nebenvalenzkräfte (Dispersions- oder Dipolkräfte, Wasserstoffbrückenbindungen), die im Fall des hier beschriebenen Thermoplasts die makroskopischen Eigenschaften (mechanisch, optisch, elektrisch und chemisch) des Materials bestimmen [57]. Dieser Zusammenhang wird z.B. anhand unterschiedlicher physikalischer Zustände von PMMA in Abhängigkeit von der molekularen Masse verdeutlicht. Bei dem bei 300 $g \cdot mol^{-1}$ noch als viskose Flüssigkeit vorliegenden PMMA handelt es sich bei 30 000 $g \cdot mol^{-1}$ schon um einen transparenten Feststoff [58]. Aufgrund eines solchen Einflusses des Molekulargewichtes auf die Materialeigenschaften ist auch eine Veränderung des Glasübergangsbereiches in Abhängigkeit der bestrahlten Fläche plausibel. Tabelle 4.2 zeigt die unterschiedlichen Ergebnisse für den Anfangs- und Endpunkt des Glasübergangsbereichs sowie die Glasübergangstemperatur T_g für die drei unterschiedlich behandelten PMMA-Folien auf.

Tabelle 4.2: Glasübergangsbereiche für verschieden DUV-belichtete PMMA-Folien (KIT, IMT).

	Glasübergangsbereich Onset (°C)	Glasübergangs-temperatur T_g (°C)	Glasübergangs-bereich Ende (°C)
Unbehandelt	91,3 ± 0,5	97,0 ± 0,8	103,0 ± 1,1
Muster	88,0 ± 1,1	95,0 ± 1,0	102,3 ± 0,8
Flutbelichtet	88,6 ± 0,7	95,0 ± 0,9	102,0 ± 1,2

Schon vor ein paar Jahren konnte von Truckenmüller et al. am Beispiel dünner Schichten Degalan G 7 E PMMA gezeigt werden, dass eine vollständige Bestrahlung des Materials mit DUV eine Verringerung der Glasübergangstemperatur von $\Delta T_g \approx 50°C$ hervorruft [59]. Anhand der oben aufgezeigten Werte ist zu erkennen, dass auch im Fall der hier angewendeten PMMA-Folie eine Verschiebung der Glasübergangstemperatur aufgetreten ist. Da in dieser Versuchsdurchführung jedoch nur ein kleiner Volumenanteil des Materials bestrahlt und in der DSC-Messung das Gesamtvolumen berücksichtigt wurde, konnte lediglich eine Änderung von 2°C festgestellt werden. Außerdem ist eine geringe Verbreiterung des Glasübergangsbereichs von $\Delta T = 1{,}7°C$ zwischen der unbehandelten und der flutbelichteten PMMA-Folie zu erkennen, die möglicherweise anhand einer verbreiterten Molekulargewichtsverteilung zu begründen ist.

Desweiteren ist bekannt, dass die durch eine Veränderung in der molekularen Masse beeinflussten mechanischen Eigenschaften im direkten Zusammenhang mit dem Elastizitätsmodul des Materials stehen, und somit auch die Formbarkeit der Folie direkt mit der Molekularstruktur gekoppelt ist [58]. Aus diesem Grund wurde in einem weiteren Versuch im Rahmen der Charakterisierung der direkte Einfluss einer solchen Bestrahlung auf die Formtiefe der PMMA Strukturen im Thermoformprozess untersucht.

Wie schon im vorherigen Experiment beschrieben, wurden auch hier drei unterschiedlich bestrahlte PMMA-Folien verwendet, die mittels der Thermoformanlage am IBG-1 in das KITChip Formwerkzeug verstreckt wurden. Auch in diesem

Fall lag die bestrahlte Seite der Folien auf der Innenseite der Kavitäten. In einem Temperaturbereich von 100°C bis 110°C wurde in 2 Grad Schritten jeweils die Tiefe der thermogeformten Strukturen in Abhängigkeit der angewendeten Formtemperaturen aufgezeichnet, wobei die Vertiefungen mittels Lichtmikroskop (Leitz Orthoplan, Leica Microsystems) und Digitalmessuhr (Mitutoyo Absolute) vermessen wurden.

In Abbildung 4.3 und Abbildung 4.4 sind die Zusammenhänge der modifizierten Folien jeweils im Vergleich zur Referenzprobe aufgezeigt. Es ist zu beachten, dass lediglich die unbehandelte PMMA-Folie bei allen Temperaturen ohne Probleme aus dem Werkzeug entformbar war, so dass die Messergebnisse über den ganzen Temperaturbereich aufgezeichnet werden konnten. Im Fall der belichteten Proben dagegen konnte eine erhöhte Haftung des Materials im Werkzeug festgestellt werden, die dazu führte, dass die Folien schon bei 108°C nicht mehr zu entformen waren und eine Messung bei 110°C nicht durchgeführt werden konnte. Möglicherweise liegt dieser Effekt an der höheren Einformtiefe der bestrahlten Folien und der somit vergrößerten Kontaktfläche und daher verstärkten Reibung zwischen Material und Werkzeug.

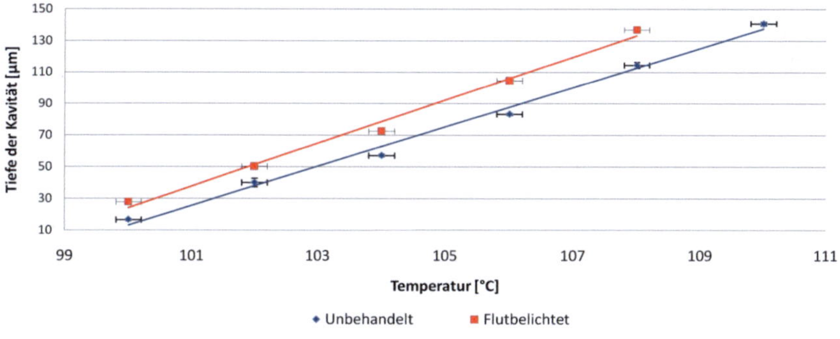

Abbildung 4.3: Linearer Zusammenhang zwischen Einformtiefe der Kavitäten und angewendeter Formtemperatur im Vergleich zwischen der flutbelichteten und der unbehandelten PMMA-Folie. Die Standardabweichungen der gemessenen Einformtiefen betragen maximal nur wenige Mikrometer und sind daher in der Graphik nicht sichtbar.

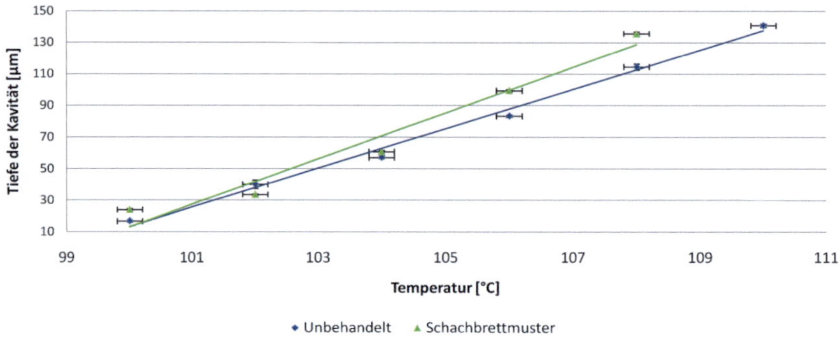

Abbildung 4.4: Linearer Zusammenhang zwischen Einformtiefe der Kavitäten und angewendeter Formtemperatur im Vergleich zwischen der musterbestrahlten (Schachbrettmuster) und der unbehandelten PMMA-Folie. Die Standardabweichungen der gemessenen Einformtiefen betragen maximal nur wenige Mikrometer und sind daher in der Graphik nicht sichtbar.

In beiden Graphiken ist zu erkennen, dass im dargestellten Temperaturbereich ein nahezu reproduzierbarer, linearer Zusammenhang (maximale Standardabweichung: 2,6 µm) zwischen den Einformtiefen der Kavitäten und den Formtemperaturen besteht. Die beim Thermoformen zu erwartenden nichtlinearen Effekte, die u.a. vom Material, der Geometrie und auch der Struktur hervorgerufen werden, scheinen sich in diesem Bereich zu kompensieren. Neben diesem allgemeinen linearen Verlauf der einzelnen Kurven, ist in beiden Abbildungen ein unterschiedliches Verhalten der modifizierten PMMA-Folien im Vergleich zur Referenzprobe zu erkennen. Im Fall der flutbelichteten Folie liegen die Einformtiefen für alle Temperaturen im Mittel etwa 18 µm oberhalb derer des unbehandelten Polymers. Die musterbestrahlte Folie dagegen zeigt einen nicht so klaren Unterschied auf. Hier liegt die Kurve des modifizierten Polymers im Mittel lediglich 13 µm oberhalb der der Referenzprobe. Bei der Diskussion dieser Ergebnisse ist allerdings zu beachten, dass neben den in den Graphiken abgebildeten Standardabweichungen auch weitere Fehlerquellen der Messung mit berücksichtigt werden müssen. Neben möglichen ungleichen Temperaturverteilungen innerhalb des Werkzeuges birgt die Bestimmung der Kavitätentiefe weitere Unsicherheiten, die z.B. durch Dickenschwankungen der Folie beim Mikrothermoformen erzeugt werden können. Unter Berücksichtigung dieser

Tatsache sind die dargestellten Ergebnisse kritisch zu betrachten, jedoch bestätigt der allgemeine Verlauf der Kurven die schon zuvor durch die DSC-Messungen gewonnenen Resultate.

Die dargestellten Versuche zur Charakterisierung der DUV-modifizierten PMMA-Folien zeigen, dass durch die Strukturveränderungen der Polymerketten an der Oberfläche des Materials und die dadurch auftretende Molekulargewichtsveränderung relevante Abweichungen hinsichtlich des mittleren Glasübergangspunktes T_g und auch im Rahmen der geeigneten Thermoformtemperatur auftreten. In dem hier beschriebenen Fall der DUV-Lithographie wurde jedoch nur ein volumenmäßig geringer Anteil des Polymers modifiziert, so dass nur kleine Änderungen in den beschriebenen Punkten zu erkennen sind. Bei der Anwendung anderer Lithographiemethoden, wie z.B. der Röntgenlithographie (s. Kapitel 4.2.2), können jedoch durch höhere Energien auch volumenmäßig größere Veränderungen innerhalb der Molekularstruktur hervorgerufen werden, so dass die aufgezeigten Abweichungen in diesem Fall stärker mit berücksichtigt werden müssen.

Desweiteren konnte in dieser Versuchsdurchführung eine deutliche Zunahme der Haftung zwischen der Oberseite der modifizierten Folie und dem Werkzeug bei gleicher Temperatur festgestellt werden, so dass bisher lediglich eine Einformung der Folie mit Strukturen auf der Innenseite möglich war. Um in einem nächsten Schritt topographische Strukturen auch auf der Außenseite zu realisieren, ist zu untersuchen, ob eine mögliche Trennschicht, wie z.B. eine dünne Silikonmembran, eine Haftung zwischen der Folie und dem Werkzeug verhindern kann und dadurch ein Entformen ermöglicht.

Die in diesem Kapitel gezeigte Methode der DUV-Lithographie auf freitragenden PMMA-Folien ermöglichte die Herstellung hierarchischer Strukturen für die Nutzung *in vitro* mit Hinblick auf die Nachahmung der komplexen Matrix-Topographie der natürlichen Mikroumgebung von Zellen. In diesem Zusammenhang stellt z.B. die Basalmembran des Epithelgewebes, die mehrere Skalen überspannende Strukturen in Form von Poren, Fasern und Erhöhungen aufweist [60], eine mögliche komplexe *in vivo* Vorlage dar. Neben einer einfachen topographischen Modifikation der inneren Oberfläche des KITChips ist es jedoch auch möglich weitere Faktoren zu variieren, um einen komplexeren Aufbau zu realisieren. Durch Replikation der gezeigten Strukturen mittels Polydimethylsiloxan (PDMS) oder auch vernetzbaren Hydrogelen kann zusätzlich zu den topographischen Informationen des dann replizierten Teils der

Härtegrad der Oberfläche eingestellt werden, was gezielt zu einer gerichteten Beeinflussung von Zellen genutzt werden kann [61]. Um das Potential dieser Methode zu verdeutlichen, wurden auf Grundlage DUV-modifizierter KITChips (DUV-Chips) erste Silikonstrukturen hergestellt. Dazu wurde in einem ersten Schritt ein quadratischer etwa 2 x 2 cm^2 großer Silikonrahmen mittels PDMS auf die Struktur geklebt, um eine geeignete Gießform zu realisieren. Daraufhin wurde etwa 1 ml Sylgard-184 Silikon (Dow Corning) in einem Mischungsverhältnis von 10:1 auf die DUV-modifizierten PMMA-Folien gegeben und in Anlehnung an das Herstellerprotokoll über Nacht bei 60°C im Ofen vernetzt. Zum anschließenden Ablösen der Polymerfolie wurde das Konstrukt in Lösungsmittel eingelegt. Um einerseits eine zeitlich ausgedehnte Reaktion zu gewährleisten und andererseits ein Quellen des Silikons zu verhindern, wurde lediglich 70% 2-Propanol in Wasser verwendet. Nach einem Zeitraum von 14 Tagen ließ sich die Folie restlos vom Silikon entfernen. Das Resultat einer komplexen mikrostrukturierten PDMS Membran ist in Abbildung 4.5 zu sehen. Die quadratischen 8 x 8 μm^2 großen Strukturen der PMMA-Folie sind als Negativabbildung im Silikon wieder zu finden. Es ist lediglich eine geringe Verrundung der Strukturen zu erkennen, die vermutlich durch ein leichtes Quellen des Materials während der relativ langen Ablösezeit des Polymers vom Silikon hervorgerufen wurde.

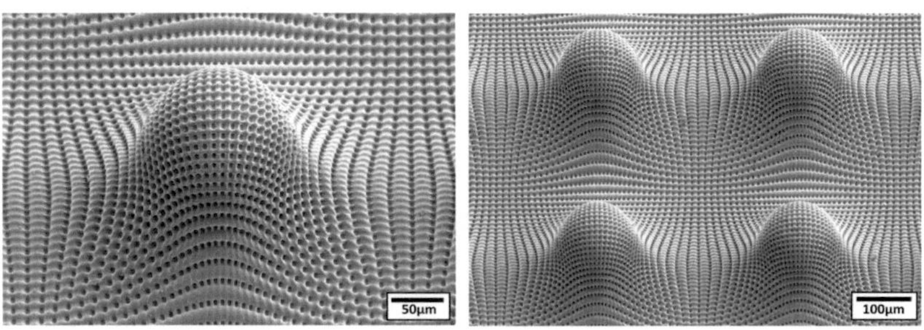

Abbildung 4.5: Komplexe, mikrostrukturierte PDMS-Membranen, die durch Replikation DUV-modifizierter PMMA-Folien (s. Abbildung. 4.2) hergestellt wurden. Die durch eine maskenbasierte Bestrahlung (8 x 8 μm^2) im Polymer erzeugten Mikrostrukturen fanden sich in Form einer inversen Struktur auf dem etwa 120 µm dicken PDMS wieder.

Nach der Herstellung dieser ersten Demonstratoren im Rahmen der vorliegenden Arbeit ist in weiterführenden Arbeiten geplant, geeignete Strukturen für biologische Anwendungen herzustellen. Um auch im Rahmen der gezeigten Silikonstrukturen ein Array aus Kavitäten für die dreidimensionale Zellkultur zu realisieren, ist es möglich in einem weiteren Replikationsschritt die PDMS-Strukturen wiederum mit Silikon abzugießen und dadurch die eigentliche Struktur des PMMAs zu replizieren. Um eine Verbindung der beiden PDMS Schichten zu verhindern kann eine Trennschicht z.B. aus Silanen oder Hydroxypropylmethylcellulose (HPMC) angewendet werden [62, 63]. Desweiteren bietet diese Methode die Möglichkeit zur Herstellung hierarischer Strukturen mit einstellbaren Elastizitäten. Der Härtegrad der hier angewendeten PMMA-Folie ist nahezu unveränderlich. Im Vergleich dazu bietet Sylgard-184 Silikon (10:1) mit einer Shore-Härte A von etwa 50 und einem Elastizitätsmodul von $E \approx 1{,}8$ MPa [64] durch Anwenden verschiedener Mischungsverhältnisse, die Möglichkeit zur Variation des Härtegrades. Mit Hilfe dieser Strukturen kann somit auch *in vitro* ein Teilbereich der für Zellen relevanten Elastizitätswerte (z.B. Gehirn: 1 kPa, Muskel: 10 kPa, Knochen: 10^6 kPa, etc. [61]) abgedeckt und in diesem Zusammenhang das Zellverhalten auf unterschiedlich elastischen Oberflächen analysiert werden. Die Nachahmung sehr weicher Gewebe kann jedoch durch Silikon nicht mehr realisiert werden, da das Material bei nur geringem Härtergehalt nicht mehr vollständig vernetzen kann und daher weiterhin im flüssigen Zustand vorliegt. Zur Umsetzung eines solchen Modells müssen andere Materialien wie z.B. Hydrogele verwendet werden.

Neben einer Anwendung in der biologischen Forschung zur Rekonstruktion der komplexen *in vivo* Umgebung von Zellen, können die in diesem Kapitel dargestellten Strukturen auch Verwendung in verschiedenen anderen wissenschaftlichen Arbeiten finden. Die Biochemie, in deren Rahmen mikrofluidische Systeme entwickelt werden [65, 66], oder auch die Biochip- und Biosensortechnologie [67] repräsentieren weitere Anwendungsfelder. In diesem Zusammenhang lassen sich beispielsweise dünne Goldelektroden in die KITChips integrieren, die die Möglichkeit bieten, Zellen elektrisch zu stimulieren oder auch Impedanzmessungen an dreidimensionalen Zellaggregaten durchzuführen [47].

4.2.2 Röntgenlithographie

Neben der DUV-Lithographie bieten auch weitere Technologien aus dem Bereich der Lithographie die Möglichkeit der Strukturierung dünner Polymerschichten im Rahmen der SMART-Technologie. Im Vergleich zur DUV-Bestrahlung bietet z.B. die Röntgenlithographie und somit die Bestrahlung der Proben mit hochenergetischen Röntgenstrahlen das Potential für ein hohes Aspektverhältnis der resultierenden Strukturen und vor allem auch für Strukturen mit einer großen absoluten Höhe. Aufgrund dieser Tatsache findet diese Art von Lithographie schon seit einigen Jahren Anwendung bei der Herstellung vielfältiger Mikrostrukturen, wie z.B. im Rahmen des schon in den 70er Jahren entwickelten LIGA-Verfahrens (Röntgentiefen**l**ithographie, **G**alvanoformung, **A**bformung) [68, 69]. Mittels Synchrotronstrahlung wird die Struktur einer Röntgenmaske auf einem röntgenempfindlichen Resist (überwiegend PMMA) abgebildet. Durch Deponieren von Energie im Material werden auch hier Kettenbrüche im Polymer hervorgerufen, die Löslichkeit dadurch erhöht und die bestrahlten Bereiche in einem anschließenden Entwicklungsschritt herausgelöst. Durch eine folgende galvanische Metallabscheidung in den entwickelten Bereichen und Entfernen des Resists können Formwerkzeuge für Heißprägeprozesse oder auch Spritzguss hergestellt werden.

Auch im Rahmen dieser Forschungsarbeit konnte der Vorteil einer großen Reichweite hochenergetischer Röntgenstrahlung im Resist genutzt werden, um funktionalisierte Polymerstrukturen mit höheren Aspektverhältnissen im Vergleich zu den DUV-Strukturen herzustellen. In Anlehnung an den schon im vorherigen Teilkapitel beschriebenen Prozess, wurde auch in diesem Fall eine Kombination aus Röntgenlithographie und Mikrothermoformen im Rahmen der SMART-Technologie entwickelt. Im Rahmen erster Versuche wurde die 125 µm dicke PMMA-Folie Superclear 0F022 als Basis Resistmaterial angewendet und musste zunächst auf ihre Nutzbarkeit innerhalb der Röntgenlithographie getestet werden. Zur geeigneten Befestigung im Scanner des Strahlrohrs Litho 1 des Elektronenspeicherrings ANKA (Angströmquelle Karlsruhe, KIT), welches als Röntgenstrahlungsquelle diente, wurde die Folie mit Hilfe von Polyimidfolien auf 4 Zoll Wafern fixiert. Mit einer Elektronenenergie von 2,5 GeV, welche einem magnetischen Feld von 1,5 T entspricht und einer Dosis von 4,5 kJ·cm^{-3} an der Oberseite und 2,7 kJ·cm^{-3} an der Unterseite der Folie, wurde das Polymer bestrahlt. Um eine strukturierte Belichtung der Materialoberseite zu garantieren, die nach einem anschließenden Entwicklungsschritt in einer topographischen Struktur resultiert, wurde eine speziell für die Röntgenlithographie angefertigte Maske angewendet. Diese zur Charakterisierung des Verfahrens angewendete Testmaske bestand aus hexagonalen Goldstrukturen mit einem Innenkreisdurchmesser von 20 µm und einem Abstand von 6 µm mit einer Absorberhöhe von etwa 20-30 µm. Neben einem ersten Versuch zur Durchführbarkeit der Röntgenlithographie bei dem zunächst eine flache PMMA-Folie an der Anlage bestrahlt und direkt im Anschluss entwickelt wurde, wurde die Technologie sogleich auch mit dem Mikrothermoformen kombiniert. Wie innerhalb des Kapitels zur SMART-Technologie beschrieben, wurde die Folie dazu direkt nach der Bestrahlung thermogeformt und erst im Anschluss daran entwickelt. Zum Herauslösen des Materials wurde das Entwicklersystem GG und BDG verwendet, wie es schon zuvor bei der DUV-Lithographie beschrieben wurde. Abbildung 4.6 und Abbildung 4.7 zeigen die Ergebnisse der röntgenlithographisch erzeugten Topographie auf einer flachen und auf thermogeformten PMMA-Folien nach einer Entwicklungszeit von 30 min in GG, 5 min in BDG und 5 min in deionisiertem H_2O.

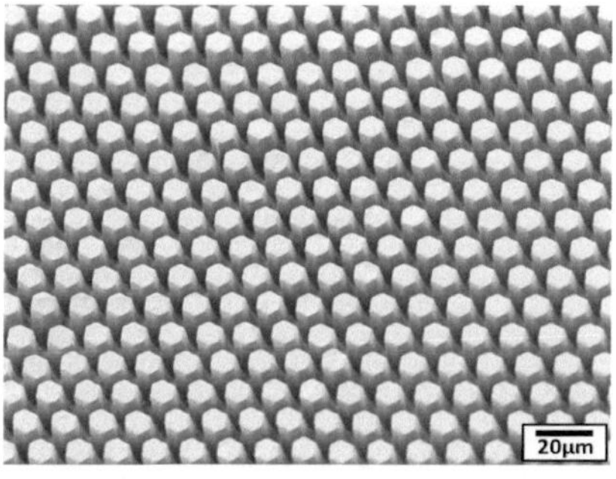

Abbildung 4.6: REM-Aufnahme einer flachen, 125 µm dicken PMMA-Folie mit einer röntgenlithographisch erzeugten Topographie. Die hexagonale Struktur mit einem Innenkreisdurchmesser von 20 µm und einem Abstand von 6 µm wies eine Höhe von etwa 20-30 µm auf.

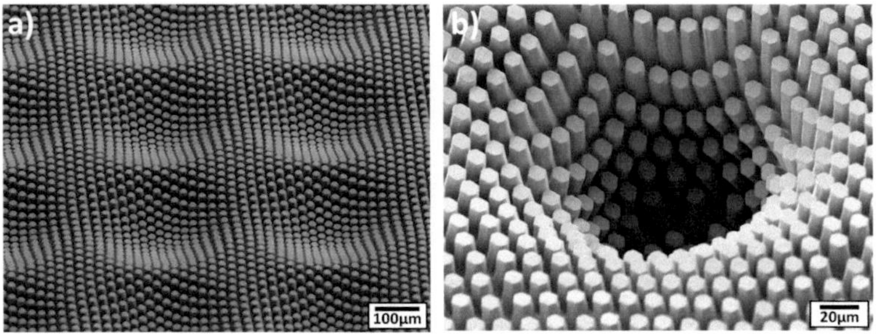

Abbildung 4.7: REM-Bilder thermogeformter PMMA-Folien mit einer überlagerten etwa 20-30 µm hohen röntgenlithographisch erzeugten Topographie. a) Array aus 80 µm tiefen Mikrokavitäten (Formtemperatur: 99°C, Formdruck: 2 MPa). b) Einzelkavität mit einer Tiefe von etwa 290 µm (Formtemperatur: 105°C, Formdruck: 2 MPa).

Die in den Abbildungen gezeigte hexagonale Topographie auf den PMMA-Folien weist eine sehr gleichmäßige Anordnung der einzelnen Strukturen mit einer Höhe von etwa 20-30 µm auf, was einem Aspektverhältnis von 1-1,5 entspricht. Trotz Anwendung einer freitragenden Folie anstatt einer auf einem Siliziumwafer aufgebrachten Resistschicht, konnte die Maskenstruktur auf dem Material abgebildet und durch die Bestrahlung modifizierte Bereiche herausgelöst werden.

Auch in Kombination mit dem Mikrothermoformen wurden gute Resultate erzielt. Das im linken Bild dargestellte Array aus lediglich 80 µm tiefen Kavitäten (99°C, 2 MPa) zeigt ähnlich gute Resultate wie die flache Folie. Die auch hier etwa 20-30 µm hohen Strukturen sind über die komplette Fläche vollständig entwickelt und weisen nur eine geringfügige Verzerrung der topographischen Anordnung aufgrund des Verstreckvorgangs auf. Bei der im rechten Bild gezeigten etwa 290 µm tiefen Einzelkavität hingegen (105°C, 2 MPa) wurden zwar ebenso Aspektverhältnisse der Topographie von 1-1,5 erzielt, jedoch wird der Einfluss des Formvorgangs sichtbar. Wie schon an den kleineren, nur etwa 10 µm hohen Strukturen bei der DUV-Lithographie zu sehen (s. Abbildung. 4.2), ist auch hier die starke Verstreckung der Folie anhand der Anordnung der topographischen Struktur zu erkennen. Um diese Verzerrung der Topographie zu minimieren oder sogar vollständig zu kompensieren, sollte es in weiterführenden Arbeiten möglich sein, im Rahmen definierter Formparameter eine Vorverzerrung der Strukturen in die Maskenanordnung einzuarbeiten.

Neben dem Einfluss des Formvorgangs auf die Strukturanordnung konnte im Fall der Röntgenlithographie auch ein Zusammenhang zwischen bestrahlten Folienvolumina und der Einformtiefe der Kavitäten festgestellt werden. Wie schon im vorherigen Kapitel am Beispiel der DUV-Lithographie beschrieben, nimmt die durch die Bestrahlung erzeugte Veränderung des Molekulargewichtes direkten Einfluss auf die Glasübergangstemperatur und dadurch auch auf die Formparameter, so dass belichtete Bereiche bei gleicher Formtemperatur und gleichem Formdruck tiefer eingeformt wurden als Unbelichtete. Abbildung 4.8 zeigt eine mit den zuvor beschriebenen Parametern belichtete und anschließend entwickelte PMMA-Folie. Nur einzelne quadratische Bereiche weisen eine Topographie auf. Die Zwischenräume hingegen wurden flutbelichtet.

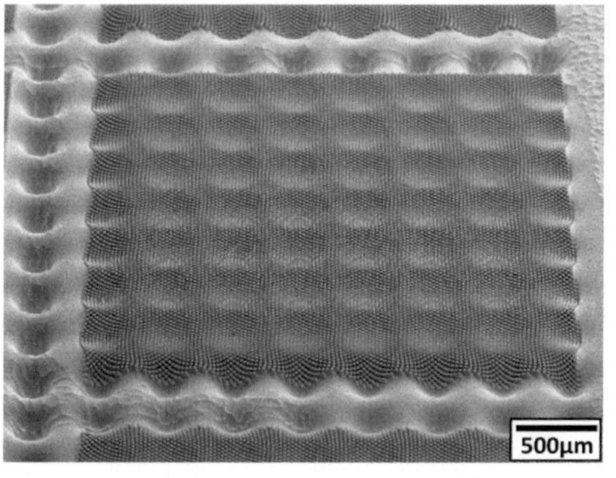

Abbildung: 4.8: REM-Aufnahme eines thermogeformten PMMA-Arrays (Formtemperatur: 95°C, Formdruck: 2 MPa) mit einer teilweise überlagerten etwa 20-30 µm hohen röntgenlithographisch erzeugten Topographie. Die Tiefe der Kavitäten variierte zwischen etwa 35 µm im Bereich der Topographie bis zu etwa 190 µm im flutbelichteten Bereich.

Anhand der rasterelektronischen Aufnahme des PMMA-Arrays ist zu erkennen, dass die Kavitäten im quadratischen Bereich der Topographie lediglich eine Tiefe von etwa 35 µm aufweisen. Die Kavitäten in den flutbelichteten Zwischenräumen hingegen sind etwa 190 µm tief. Dieses Ergebnis bestätigt das schon zuvor im Rahmen der DUV-Lithographie erzielte Resultat. Da im Rahmen der Röntgenlithographie mit höheren Strahlungsenergien gearbeitet wurde und somit größere Volumenanteile der

Folie in der molekularen Struktur verändert wurden, konnte ein solcher Unterschied auch schon zwischen flutbelichteten und musterbestrahlten Bereichen festgestellt werden. Zur Kompensation dieses Effektes, um z.B. für biologische Anwendungen gleichmäßige Arrays herzustellen, ist es möglich, Formwerkzeuge mit einer definierten Tiefe zu verwenden, die der maximalen Einformtiefe der musterbestrahlten Bereiche entspricht. Die Kavitäten im Bereich der Flutbelichtung können demnach auch nur bis zu dieser Tiefe eingeformt werden, so dass eine einheitliche Tiefe erzeugt wird.

Die Anwendung dieser Technologie und auch der funktionalisierten polymeren Strukturen liegt in den gleichen Bereichen, wie schon bei der DUV-Lithographie beschrieben. Durch den Vorteil der Erzeugung höherer Strukturen und größerer Aspektverhältnisse können jedoch noch weiterführende Experimente durchgeführt werden. Da in der Biologie bekannt ist, dass neben einer dreidimensionalen Anordnung auch die Höhe der einzelnen topographischen Strukturen einen wesentlichen Einfluss auf das Verhalten und im Speziellen auf die Ausrichtung von darauf kultivierten Zellen nimmt [70], bietet die Methode der Röntgenlithographie geeignete Voraussetzungen, um einen solchen Einfluss systematisch auch an höheren Strukturen zu untersuchen. Grundlegende biologische Experimente werden jedoch im weiteren Verlauf am Beispiel von DUV-modifizierten PMMA-Folien gezeigt.

4.2.3 Ionenstrahllithographie

Wie schon in den ersten Teilen dieses Kapitels zu sehen, bieten die Technologien der DUV- und auch der Röntgenlithographie die Möglichkeit, mikrostrukturierte Materialien herzustellen, die in verschiedenen Forschungsbereichen Anwendung finden könnten. Im Vergleich zu diesen in vielen Bereichen konventionell genutzten Methoden mittels elektromagnetischer Strahlung, bietet die Technologie der Teilchenlithographie oder im Speziellen der Ionenstrahllithographie mittels Schwerionen verschiedene Vorteile [45]. Während Photonen ihre Energie sehr schnell durch wenige Wechselwirkungen verlieren und dadurch eine geringe Eindringtiefe aufweisen, geben Schwerionen ihre Energie nur sehr langsam unter einer kleinen Winkelstreuung ab. Aufgrund dieser Tatsache können im Vergleich zu anderen Methoden sehr tiefe Strukturen erreicht werden. Desweiteren bietet die Ionenstrahllithographie die Möglichkeit einer sehr hohen lateralen Auflösung. Mit einem einzelnen Ion ist es möglich, eine sehr feine Kanalstruktur mit einem minimalen

Durchmesser bis zu 0,01 µm zu erzeugen, was in Kombination mit einem entsprechend dicken, durchstrahlten Substrat zu einem sehr hohen Aspektverhältnis von bis zu 1000 führen kann [71]. Auch die Wahl eines geeigneten Materials für die Schwerionenbestrahlung ist vereinfacht. Während bei der Bestrahlung mit DUV- oder auch Röntgenstrahlung nur licht-sensitive Photoresiste genutzt werden können, lassen sich bei der Ionenstrahllithographie auch verschiedene andere Polymere oder auch Gläser verwenden, bei denen bei großen Ätzraten ein hoher Entwicklungskontrast gewährleistet werden kann.

Aufgrund dieser positiven Charakteristika bietet diese Technologie geeignete Voraussetzungen zur Modifikation der Oberfläche komplexer Strukturen. In der aktuellen Forschung findet dieser Prozess daher schon Anwendung in verschiedenen technischen und auch biologischen Bereichen [71, 72]. Neben der Herstellung von sogenannten „Nanotubes“, bei dem geätzte Ionenspuren aufgalvanisiert und das Polymer im Anschluss aufgelöst wird [73], werden ionenspurgeätzte Membranen auch in der Laborfiltration genutzt. Mit Hilfe verschiedener Porengrößen können verschiedene flüssige aber auch gasförmige Proben von Reinstwasser bis hin zu medizinischen Proben filtriert werden [74].

Auch im Rahmen der SMART-Technologie kann der grundlegende Prozess der Schwerionenbestrahlung mit anschließendem Ionenspurätzen angewendet werden [75]. Im Folgenden wird daher die Möglichkeit zur Erzeugung von topographischen Mustern mittels Ionenstrahllithographie innerhalb eines KITChips aufgezeigt Als Basismaterial diente die 50 µm dicke Pokalon PC-Folie, deren Eignung für die Ionenbestrahlung und das anschließende Ionenspurätzen aus verschiedenen Vorversuchen der Chips bekannt waren [38]. In einem ersten Schritt wurde die planare Folie mittels Projektionslithographie, bei der, ähnlich zur konventionellen Lithographie, das Muster über eine maskenbasierte Bestrahlung definiert wird, modifiziert. Wegen der hohen Anschaffungskosten von regulären Masken für die Ionenstrahllithographie, wurde im Rahmen dieser Arbeit mit Goldnetzchen aus der Transmissions-Elektronenmikroskopie (TEM; Ø: 4 mm, PLANO GmbH, Wetzlar) gearbeitet. Eine 25-30 µm hohe Goldabsorberstruktur mit 25 x 25 quadratischen Aperturen (40 x 40 µm^2) diente als vorläufige Maske in dieser Versuchsdurchführung. Um diese sehr schwierig handhabbaren Netzchen auf der Folie zu befestigen, wurden diese zunächst auf einer Art Schablone aufgebracht. Mit handelsüblichem Klebeband wurden die Netzchen in zuvor ausgestanzten Aussparungen einer 30 µm dicken

Aluminiumfolie befestigt und zusammen mit dieser Trägerstruktur auf die Folie geklebt. Da ein Abstoppen der Ionen je nach angewendeter Energie bei einer Absorberhöhe von 25-30 µm nicht zu 100% garantiert werden konnte, wurde zusätzlich zu den TEM-Netzchen noch eine 45 µm dicke Aluminiumfolie um die Probe gewickelt. Die so vorbereiteten Folien wurden an der GSI in Darmstadt mit $^{197}Au^{25+}$ Ionen mit einer Fluenz von $5 \cdot 10^8$ Ionen/cm^2 bestrahlt. Mit einer Energie von 11,4 MeV pro Nukleon ergab sich eine Gesamtenergie von $E_{tot} = 2245{,}8$ MeV pro Ion, die sich durch die Gold- und zusätzliche Aluminiumschicht komplett absorbieren lies. Lediglich in den Bereichen der Durchbrüche in den TEM-Netzchen erreichten die Ionen die Polymerfolie, durchstrahlten das gesamte Material und erzeugten auf diese Weise eine Materialveränderung entlang der Ionenspur und somit ein latentes Abbild der Maske im Material. Nach der Bestrahlung der PC-Folien wurden diese an der Thermoformanlage des IBG-1 in das KITChip Formwerkzeug räumlich verstreckt. Mit einer Formtemperatur von 165°C und einem Druck von 1,5 MPa wurden Kavitäten mit einer Tiefe von etwa 115 µm erzeugt. In einem anschließenden „post-process“ wurden die vormodifizierten Arrays nachbehandelt, indem das Polymer durch Anwenden einer basischen Ätzlösung in den veränderten Bereichen entlang der Ionenspuren entfernt wurde.

Abbildung 4.9: REM-Bilder einer thermogeformten PC-Folie (Pokalon, 50 µm) mit überlagerter, etwa 10 µm tiefer, ionenstrahllithographisch erzeugter, quadratischer Topographie (40 x 40 µm^2). Durch eine Formtemperatur von 165°C und einen Druck von 1,5 MPa wurden Kavitäten mit einer Tiefe von etwa 115 µm erzeugt.

Abbildung 4.9 zeigt das Ergebnis einer topographisch modifizierten PC-Folie. Durch 10-minütiges Eintauchen der Folienoberseite in eine 70°C warme 5N NaOH-Lösung wurden entsprechend der Netzchen-Abmessungen quadratische, etwa 10 µm tiefe Muster im Material erzeugt. Anhand dieses Ergebnisses war zu erkennen, dass die Methode der Ionenstrahllithographie auch im Zusammenhang mit der SMART-Technologie durchführbar ist. Durch Schwerionenbestrahlung, Mikrothermoformen und einem anschließenden Ätzschritt konnten modifizierte und räumlich verstreckte Polymerfolien hergestellt werden.

In weiterführenden Versuchen ist es möglich das Potential der beschriebenen Methode auszunutzen und dadurch tiefere Strukturen mit hohen Aspektverhältnissen in Polymeren zu erzeugen. Die hier gezeigten, jedoch für die Technologie der Ionenstrahllithographie sehr ungewöhnlichen geringen Strukturtiefen von lediglich 10 µm sind anhand der geringen Foliendicke zu begründen. Aufgrund des Verstreckvorganges in das Thermoformwerkzeug wird die Wandstärke der zuvor 50 µm dicken Polymerfolie in den Kavitäten sehr stark ausgedünnt. Bei einer Einformtiefe von 300 µm beispielsweise variiert die gemessene Wanddicke der einzelnen Kavitäten zwischen 50 µm im Stegbereich und lediglich 7 µm am Boden der Kavität [76]. Eine längere Ätzzeit und damit verbundene tiefere Strukturen führen daher zu Durchlöchern in der Folie. Um diesen Effekt zu umgehen, können dickere Polymerfolien und auch andere Materialien für diesen Prozess eingesetzt werden. Dieses bedarf allerdings der Entwicklung eines neuen Ätzprotokolls für das entsprechende Material. Desweiteren ist die Wahl einer neuen Maske von Vorteil. Zum einen sind die Strukturabmessungen in dem hier beschriebenen Fall noch sehr groß, so dass nur geringe Aspektverhältnisse von ¼ erzeugt werden konnten. Zum anderen ist die Genauigkeit der TEM-Netzchen nicht ausreichend. Wie es im rechten Bild der Abbildung 4.9 zu sehen ist, gibt es keine klare Abgrenzung der bestrahlten Bereiche von der unbehandelten Folie. Auch im Übergangsbereich sind vereinzelte Ionenspuren zu erkennen, die aufgrund von unsauberem Aufliegen der Maske auf der Folie oder aber auch durch Ungleichheiten in der Goldabsorberschicht hervorgerufen wurden.

Anhand der gezeigten Ergebnisse ist zu erkennen, dass die in diesem Kapitel beschriebenen Prototypen flächig strukturierter Polymerarrays noch einer Reihe von Weiterentwicklungen und Charakterisierungen bedürfen. Die vielversprechenden Ergebnisse der ersten Strukturen zeigen jedoch, dass diese Methode ebenso wie die DUV- und Röntgenlithographie für die Herstellung biologischer Trägerstrukturen geeignet ist, deren Anwendung im folgenden Kapitel anhand einer ersten biologischen Charakterisierung von DUV-modifizierten Polymerstrukturen dargestellt wird.

Im Vergleich zu den anderen gezeigten Methoden, bei denen mit elektromagnetischer Strahlung gearbeitet wird, liegt das Potential der Ionenstrahllithographie in der Herstellung sehr hoher Aspektverhältnisse durch die Möglichkeit der Materialmodifikation mit nur einzelnen Ionen. Desweiteren bietet dieses Verfahren, neben den bisher beschriebenen, parallelen Strukturierungsmethoden, bei denen jeweils die gesamte Oberfläche des Materials gleichzeitig durch eine Maske mittels DUV-, Röntgen- oder auch Ionenstrahlen strukturiert wurde, die Möglichkeit eines seriellen Schreibens. Mit Hilfe eines fokussierten Ionenstrahls, der über das zu strukturierende Substrat geführt wird, können hochaufgelöste Strukturen mit einer großen Flexibilität erzeugt werden („Focused Ion Beam", FIB). Trotz eines hohen Zeitaufwandes findet diese Methode z.B. eine geeignete Anwendung im Bereich der Maskenreparatur für die Photo- und Röntgenlithographie [77].

Auch wenn die Technologie der Ionenstrahllithographie wie sie im Rahmen dieser Arbeit angewendet wurde ähnlich wie die der Röntgenlithographie eine komplexe Infrastruktur benötigt, deuten die Ergebnisse auf eine Anwendungsmöglichkeit in biologischen Fragestellungen hin. Der schon erwähnte Effekt eines nachhaltigen Einflusses der Dimensionen nano- und mikrostrukturierter Zellkulturträger [70] z.B. kann mit Hilfe dieser Methode reproduziert und die Aussage auf Strukturen mit höheren Aspektverhältnissen erweitert werden. Desweiteren kann die Reaktion auch in Kombination mit einer dreidimensionalen Zellkultur untersucht werden.

4.2.4 Biologische Validierung

Wie schon in der Einleitung dieses Kapitels erwähnt, bilden die vorgestellten mikrostrukturierten Polymerfolien die Basis für zellbiologische Experimente. Anhand der Vielzahl an Veröffentlichung ist zu erkennen, dass gerade in den letzten Jahren das Interesse am Einfluss von unterschiedlichen Oberflächenfunktionalisierungen, wie z.B. Topographien auf das Verhalten von Zellen immens gestiegen ist. Eine signifikante Wechselwirkung von Zellen mit der Oberflächentopographie der Umgebung und die variierenden zellulären Antworten, können letztendlich zu Fortschritten in verschiedenen Forschungsbereichen, wie z.B. Zellkulturtechnologie oder auch Biosensorik führen. Einen sehr guten Überblick über Ergebnisse zum Einfluss artifizieller Mikro- und Nanostrukturen auf das Verhalten verschiedener

Zelllinien ist in den Reviews von M. S. Lord [20] und E. Martìnez [21] gegeben. Im Allgemeinen ist jedoch zu beobachten, dass sich die meisten Zelllinien, ob Osteoblasten, Fibroblasten, Endothelzellen oder auch Stammzellen in ihrer Orientierung, Adhäsionsfähigkeit, Morphologie oder auch Differenzierung mit geeigneten Strukturgrößen beeinflussen lassen. Eine sehr starke Ausrichtung der Zellen entlang von Mikrogräben ist z.B. am Beispiel von Nervenzellen zu erkennen; aber auch Fibroblasten und auch Osteoblasten zeigen Veränderungen in ihrem Verhalten.

Aufbauend auf die Ergebnisse synthetischer Mikrostrukturen auf flachen Substraten, ist es in dieser Arbeit das Ziel chemische aber auch physikalische Faktoren mit einer dreidimensionalen Kultivierung von Zellen zu kombinieren, um auch Zell-Zell-Kontakte und deren Einfluss auf die Entwicklung zu berücksichtigen. In ersten Zellkulturexperimenten bezüglich dieser Fragestellung wurden aufgrund einfacher Herstellung und geringer Produktionskosten die mittels DUV-Lithographie hergestellten Polymerstrukturen als Trägerstrukturen verwendet und mit der sehr robusten und einfach handzuhabenden HeLa-Zelllinie gearbeitet. Um zunächst die Auswirkung der Topographie auf die Zellmorphologie zu untersuchen, wurde in einem ersten Schritt der Versuchsdurchführung lediglich mit flachen aber lithographisch strukturierten PMMA-Folien gearbeitet. Für einen Kontrollversuch wurden zusätzlich flache und unstrukturierte Folien verwendet. Nach der Sterilisation mit 70% 2-Propanol in Wasser und anschließendem Spülen in sterilem H_2O wurden die Proben zur Erhöhung der Zellattraktivität mit Kollagen beschichtet. Dazu wurden die Folien mit 2,5 $\mu g \cdot cm^{-2}$ Kollagen für 15 min im Brutschrank (37°C, 5% CO_2) inkubiert. Direkt im Anschluss wurden 30 000 Zellen pro Folie auf einer Fläche von etwa 0,8 cm^2 in einer 24-Well Platte ausgesät und die Ergebnisse nach einer Dauer von 2 Tagen unter normalen Kulturbedingungen mittels IF-Färbung sichtbar gemacht. Zur Befestigung der dünnen Polymermembranen wurden diese mittels Silikonringen am äußeren Rand beschwert. Abbildung 4.10 und Abbildung 4.11 zeigen die Resultate auf flachen Folien.

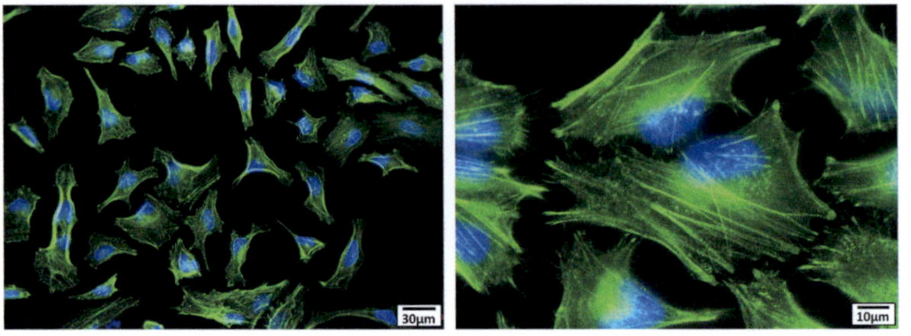

Abbildung 4.10: HeLa–Zellen auf kollagenisierter, unstrukturierter PMMA-Folie nach einer Kulturdauer von 2 Tagen. Mittels IF-Färbung wurden die Kerne mit DAPI in blau und die Aktinfilamente mit Alexa Fluor 488-Phalloidin in grün angefärbt.

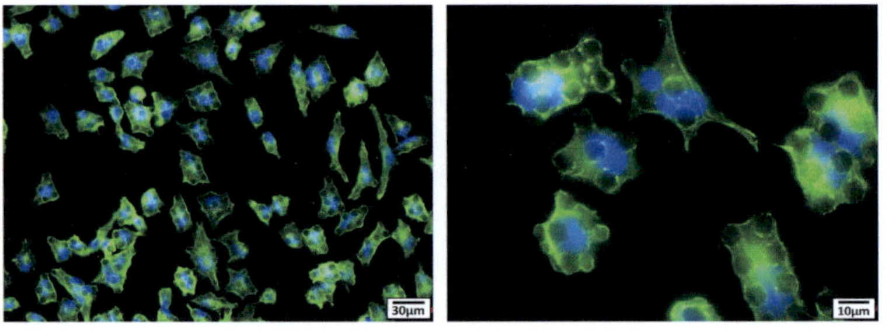

Abbildung 4.11: HeLa–Zellen auf kollagenisierter, topographisch strukturierter PMMA-Folie nach einer Kulturdauer von 2 Tagen. Mittels IF-Färbung wurden die Kerne mit DAPI in blau und die Aktinfilamente mit Alexa Fluor 488-Phalloidin in grün angefärbt.

Um das Ergebnis und vor allem die Formgebung und -veränderung der Zellen zu analysieren, wurden mittels IF-Färbung die Kerne mit DAPI in blau und die Aktinfilamente der Zellen mit Alexa Fluor 488-Phalloidin in grün angefärbt. Anhand der Kernfärbung ist zunächst einmal die Lage der einzelnen Zellen sichtbar. Desweiteren kann auch eine Aussage über die Vitalität der Zellen aufgrund der Form des Kerns gemacht werden. Die abgebildeten Kerne weisen eine rundliche, vitale Form auf und somit keine Anzeichen von Apoptose. Das zusätzliche Anfärben der Aktinfilamente gibt Aufschluss über die Struktur und Form der Zelle. Aktin ist ein

Strukturprotein, welches in Form von dynamischen Filamenten als Bestandteil des Zytoskeletts der Zelle z.B. für die Stabilisierung der äußeren Zellform, für die Ausbildung sogenannter Stressfasern und für intrazelluläre Transporte verantwortlich ist. Aufgrund dessen ist Aktin ein geeignetes Protein zur Veranschaulichung der Zellmorphologie. Anhand der Bilder ist zu erkennen, dass die Zellen auf den flachen zuvor kollagenisierten PMMA-Folien ein typisches Erscheinungsbild zeigen. Die Form mit ihren zahlreichen Ausläufern ist ein Anzeichen für eine hohe Vitalität der Zellen. Betrachtet man im Vergleich dazu die Zellen auf den topographisch funktionalisierten Polymerfolien, so ist zwar auch hier die Vitalität der Zellen anhand kleiner Ausläufer sichtbar, jedoch ist ein wesentlicher Unterschied in der Form der Zellen zu erkennen. Es wird deutlich, dass sich die Ausrichtung der Zelle von der darunter liegenden quadratischen, etwa 10 µm hohen Topographie beeinflussen lässt und sie sich dadurch wie verschiedene „Tetris-Bausteine“ anordnen.

Im weiteren Verlauf wurde das gleiche Experiment auf thermogeformten, strukturierten PMMA-Folien durchgeführt. Um auch hier zunächst die Auswirkung der Topographie auf die untere Zellschicht zu untersuchen, wurde lediglich mit einem Monolayer gearbeitet. Auch in diesem Fall wurden die Folien mit 30 000 Zellen in einer 24-Well Platte angeimpft. Das Ergebnis ist in Abbildung 4.12 am Beispiel zweier verschiedener topographischer Muster nach 2 Tagen Kulturdauer zu sehen.

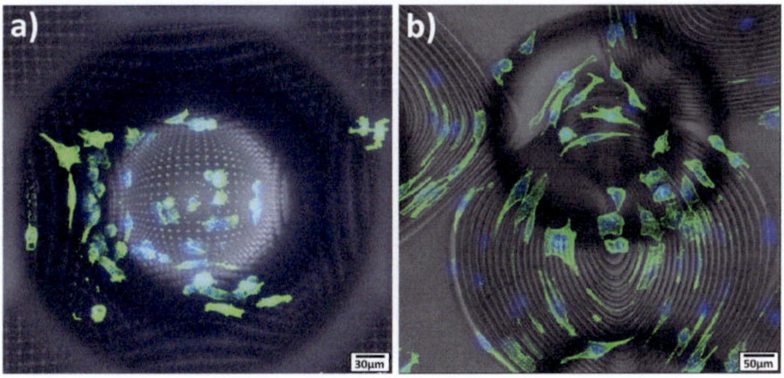

Abbildung 4.12: HeLa–Zellen auf thermogeformten, topographisch strukturierten PMMA-Folien. Mittels IF-Färbung wurden die Kerne mit DAPI in blau und die Aktinfilamente mit Alexa Fluor 488-Phalloidin in grün angefärbt. a) 250 µm tiefe Kavität mit quadratischer Topographie (109°C, 2MPa), b) 180 µm tiefe Kavität mit konzentrischer Kreisstruktur (109°C, 3,1 MPa).

Auch die Aufsicht in die beiden bei einer Temperatur von 109°C und einem Druck von 2 MPa bzw. 3,1 MPa thermogeformten 250 µm und 180 µm tiefen Kavitäten zeigt ein ähnliches Verhalten der Zellen zu dem auf den flachen PMMA-Folien. Sowohl das quadratische Muster als auch die konzentrischen Kreise beeinflussen die Formgebung der Zellen in der Art, dass sie sich entlang der Struktur ausrichten. Ein Unterschied zwischen verschiedenen Bereichen innerhalb der Kavität ist nicht zu erkennen.

Um in weiterführenden Experimenten das Ziel einer Kombination aus Oberflächentopographien und einer dreidimensionalen Kultivierung von Zellen zu realisieren, muss eine wesentlich höhere Anzahl an Zellen in den Chips kultiviert werden. In diesem Zusammenhang kann z.B. die Fragestellung, ob die Information der Topographie auch durch mehrere Zellschichten in das Innere der Kavität weitergegeben werden kann, untersucht werden. Möglicherweise ist es sinnvoll zunächst mit kleineren Kavitätenabmessungen zu beginnen, um die Weiterleitung der Information zunächst nur im Rahmen weniger Zellschichten zu analysieren. Mit Hilfe der in Kapitel 5 dargestellten Methode zur Herstellung von Mikrostrukturen mittels SU-8 Werkzeugen, können geeignete Strukturen erzeugt werden.

4.3 Definierte Immobilisierung bioaktiver Faktoren

4.3.1 Kontrollierte Zelladhäsion durch kovalent angebundene Moleküle

Wie schon in der Einleitung beschrieben, ist bekannt, dass neben den zuvor dargestellten physikalischen Einflüssen, wie Oberflächentopographien auch eine Vielzahl weiterer extrinsischer Faktoren einen entscheidenden Einfluss auf die Entwicklung der Zellen haben. In diesem Zusammenhang spielen z.B. auch biochemische Signale eine große Rolle in der Steuerung einzelner Zellfunktionen und ganzer zellulärer Systeme. Neben einer kontrollierten Adhäsion kann z.B. auch die Proliferation von Zellen oder auch eine phänotypische Differenzierung durch diese Faktoren beeinflusst werden [48, 78]. Das Modulieren einer extrazellulären Umgebung *in vitro* kann spezifische Zell-EZM- oder auch Zell-Zell-Interaktionen ermöglichen; daher ist die strukturierte Immobilisierung biologischer EZM Moleküle, wie z.B. Fibronectin, Laminin oder Kollagen auf Zellkultur Substraten ein allgemeiner Forschungsschwerpunkt [79].

Mit Hilfe verschiedenster Technologien, wie z.B. dem „Microcontact Printing“ (μCP) oder auch anderer Verfahren, wie dem „Ink-Jet-Printing“ oder der Dip-Pen-Nanolithographie, wird aktuell die Erzeugung definierter Zelladhäsionsmuster auf zweidimensionalen Substraten ermöglicht [7, 27]. Durch strukturiertes Aufbringen von Proteinen oder anderen bioaktiven Molekülen und anschließendes Passivieren der Zwischenräume mit zellabweisenden Substanzen, wie z.B. Polyethylenglykol (PEG) kann eine definierte Anbindung von Zellen an den mit Proteinen beschichteten Bereichen auf Glas und diversen Polymeren ermöglicht werden.

Im Vergleich zu den aufgezeigten Technologien, bei denen EZM Proteine in direkten Verfahren auf die Oberfläche gebracht werden, ist es jedoch auch möglich in einem indirekten Verfahren bereits zellattraktive Oberflächen mittels biochemischer Beschichtungen aus z.B. Hyaluronsäure (Hyal) zellabweisend zu gestalten. Wie in Abbildung 4.13 zu sehen, ist Hyal ein Polysaccharid mit n = 200 – 2000 Einheiten und Hauptbestandteil der Extrazellularmatrix.

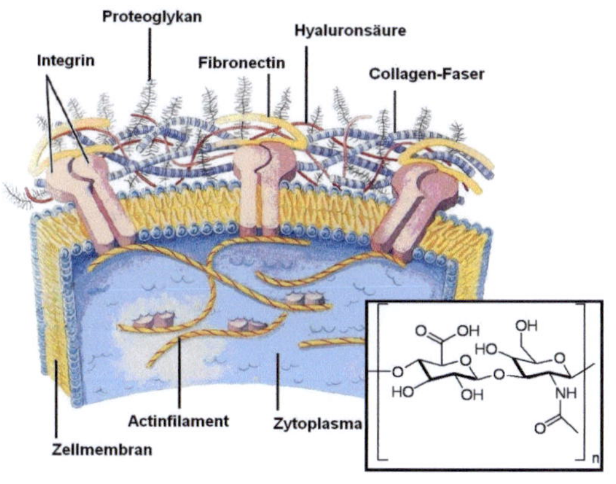

Abbildung 4.13: Hyaluronsäure als Bestandteil der EZM (verändert nach Gevertz et al. [80]).

Im Allgemeinen ist Hyaluronsäure ein wasserlösliches Biomolekül, dessen Derivate eine zell- sowie proteinabweisende Wirkung aufzeigen [81] und sich durch verschiedene chemische sowie physikalische Vernetzungsmethoden auf Oberflächen immobilisieren lassen [82]. Für spezielle Anwendungen ist es jedoch auch möglich die Zelladhäsion trotz zellabweisender Eigenschaft des Hyals zu fördern. Ein allgemein gebräuchlicher Ansatz Zelladhäsion auf Oberflächen zu begünstigen ist der Einsatz artifizieller Polymere, wie z.B. Polylysin. In einer wässrigen Lösung zusammen mit z.B. Laminin fördert es die Adhäsion von neuronalen Zellen auf Indium dotierten Zinnoxid (ITO) Oberflächen [83]. Im Zusammenhang mit Hyaluronsäure zeigen Picart et al. die Herstellung einer neuartigen biokompatiblen Folie, die aus einer alternierenden Polyelektrolytschicht aus Polylysin und Hyal besteht und die Möglichkeit zur Förderung einer spezifischen Zellproliferation und Adhäsion bietet [84].

In der vorliegenden Forschungsarbeit wurde eine neue, auf den Eigenschaften der Hyaluronsäure beruhende Methode entwickelt, mit der es möglich ist die Oberfläche von zellattraktiven PLA-Folien strukturiert zellabweisend zu gestalten und dadurch eine kontrollierte Zelladhäsion auf flachen sowie auf dreidimensional verstreckten Folien zu erreichen. Mit dem Ziel einer Erweiterung und Optimierung bereits veröffentlichter Arbeiten zu den Effekten einer dreidimensionalen Kultivierung von HepG2 Zellen innerhalb eines perfundierten Bioreaktors [8] wurde auch in diesem Experiment u.a. mit HepG2 Zellen gearbeitet. Durch zusätzliche Zellkulturversuche mit L929 Mausfibroblasten, die eine vergleichsweise starke Adhäsionsfähigkeit auf verschiedenen Zellkultursubstraten, wie Polystyrol, PLA und sogar unbehandeltem PDMS zeigen, konnte die hohe Effektivität dieses Ansatzes gezeigt werden und eine allgemein gültige Aussage getroffen werden. Eine ausführliche Beschreibung sowie chemische Details sind in der gemeinsamen Veröffentlichung von Richter et al. dargestellt [85]. Abbildung 4.14 zeigt eine schematische Darstellung der vollständigen Prozessabfolge.

In einem ersten Schritt wurde das photovernetzbare Hyaluronsäurederivat VAHyal mit dem Zelladhäsionsmediator ε-poly-L-lysin (PLL) gemischt (2:1) und mittels Spincoating in einer dünnen Schicht – (10-80) μm auf Glas, aufgrund hoher Oberflächenrauigkeit des Materials auf PLA nicht messbar [86] – auf die PLA-Folie aufgebracht (A). Zur strukturierten Immobilisierung wurde diese Schicht direkt im Anschluss mit UV-Licht bei einer Wellenlänge von 365 nm und einer Dosis von 11 $J \cdot cm^{-2}$ durch eine Maske im Kontaktmodus belichtet (Osram HBO Hochdruck Quecksilberdampflampe) (B). Die durch die Maske abgedeckten und somit nicht-belichteten Bereiche wurden nicht photovernetzt, verblieben wasserlöslich und ließen sich dadurch in einem anschließenden Waschvorgang mit Hilfe von demineralisiertem

Wasser entfernen (D). Die auf diese Weise erzeugten PLA-Folien mit immobilisierten Hyalstrukturen konnten entweder direkt für Zellkulturexperimente auf flachen Substraten verwendet werden, oder zunächst mittels Mikrothermoformen in dreidimensionale Strukturen verstreckt werden (E). Um eine geeignete Benetzung der PLA-Folie mit dem Hyal zu erreichen, wurde in verschiedenen Vorversuchen die Benetzungseigenschaft des Polymers untersucht. Mit Hilfe von Kontaktwinkel- sowie XPS-Messungen (Röntgen-Photoelektronenspektroskopie) von unbehandeltem sowie N_2-Plasma ausgesetztem Material, konnten verbesserte Eigenschaften für eine mit Plasma behandelte Oberfläche gezeigt werden [85]. Aus diesem Grund wurde in allen hier gezeigten Versuchen eine Vorbehandlung der PLA Oberfläche mit N_2-Plasma durchgeführt.

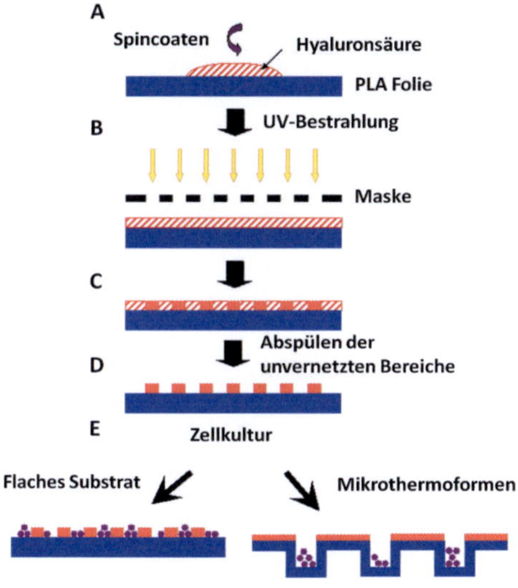

Abbildung 4.14: Schematische Darstellung der kontrollierten Zelladhäsion auf PLA-Folien mittels immobilisierter Hyaluronsäure. Das mit PLL vermischte photovernetzbare Hyalderivat wurde auf die Folie aufgebracht (A) und mittels maskenbasierter UV-Bestrahlung vernetzt (B-C). Durch Abspülen der unvernetzten Bereiche wurde ein Muster aus immobilisierter Hyaluronsäure erzeugt (D), welches zur kontrollierten Zelladhäsion verwendet werden konnte (E).

In ersten Zellkulturexperimenten mit HepG2 Zellen wurden zunächst nach obigem Protokoll flache PLA-Folien mit VAHyal/PLL beschichtet, durch eine Dunkelfeldmaske mit einer regelmäßigen Anordnung von kreisförmigen maskierten Bereichen (kurz: Punktmaske) bestrahlt und nicht vernetzte Bereiche abgespült. Im Anschluss wurden die Strukturen auf die Größe einer 6Well Platte (Ø: 35 mm) gestanzt und mit 500 000 Zellen pro Folie beimpft. Das in Abbildung 4.15 abgebildete Ergebnis zeigt zum einen die verwendete Punktmaske (links) und die auf dem flachen Substrat adhärierten Zellen nach einer Kultivierungsdauer von 2 Tagen (rechts). Um die Adhäsion der Zellen auf dem Substrat zu verdeutlichen, wurde in diesem Fall die Methode der May-Grünwald-Eosin-Methylenblau-Färbung (Merck) angewendet.

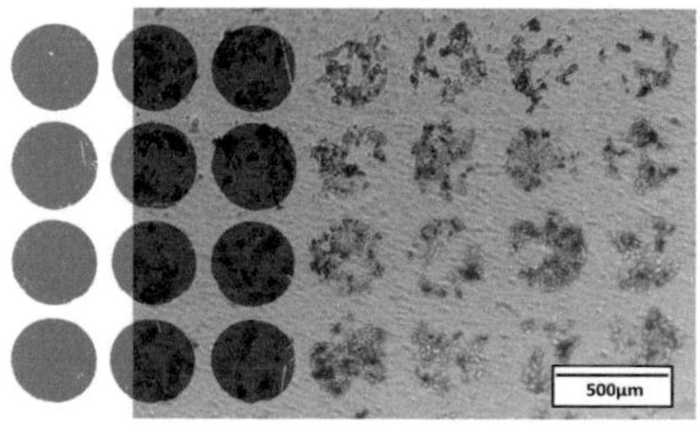

Abbildung 4.15: Überlagerte lichtmikroskopische Aufnahme einer N_2-Plasma behandelten PLA-Folie mit VAHyal/PLL Beschichtung, die durch eine Punktmaske (links) mit UV-Licht belichtet und im Anschluss mit HepG2 Zellen beimpft wurde. Nach 2 Tagen konnten die Zellen mittels May-Grünwald-Färbung sichtbar gemacht werden.

Es ist deutlich zu erkennen, dass die Zellen nur in den Bereichen auf der Folie adhärierten, in denen keine Vernetzung des VAHyal/PLL stattgefunden hat. Mittels XPS-Messungen konnte gezeigt werden, dass trotz Spülen der Probe nach dem Belichten eine dünne chemisorbierte Schicht aus VAHyal und PLL auf den unbestrahlten Bereichen der Folie zurückgeblieben ist. Es ist davon auszugehen, dass der Anteil des PLLs in diesen Bereichen gegenüber der Hyaluronsäure dominiert und daher die Anheftung der Zellen in diesen Bereichen begünstigt [86].

Neben dem erfolgreichen Nachweis der Zelladhäsion auf zweidimensionalen PLA-Folien, wurde im Folgenden eine neue auf der SMART-Technologie basierende Methode entwickelt, die eine Integration der Zelladhäsionsmuster in dreidimensionale

Trägerstrukturen ermöglicht. In ersten Versuchen wurden nach obigem Protokoll zunächst PLA-Folien mit VAHyal/PLL beschichtet und flutbelichtet. Durch das anschließende Thermoformen (Verstreckfaktor: 0,5-0,8) riss die Hyalschicht jedoch innerhalb der Kavitäten auf, so dass nur noch auf den Stegen zwischen den Vertiefungen eine geschlossene immobilisierte Schicht gegeben war. Um daraufhin eine Aussage über die Zelladhäsion innerhalb der Kavitäten und auf den Stegen machen zu können, wurden die Strukturen zunächst innerhalb einer 6-Well Platte mit etwa 500 000 Zellen pro Well in 300 µl Medium beimpft. Nach ca. 3 h wurde das Medium auf 3 ml aufgefüllt, um den Chip vollständig zu bedecken. Nach einer Kulturdauer von 2 Tagen war deutlich zu erkennen, dass die Zellen nur innerhalb der Kavitäten und nicht auf den Stegen adhärierten. Abbildung 4.16 zeigt das Ergebnis dieser ersten Versuchsreihe, die mit HepG2-Zellen (a-b) sowie mit L929-Zellen (c-d) durchgeführt wurde.

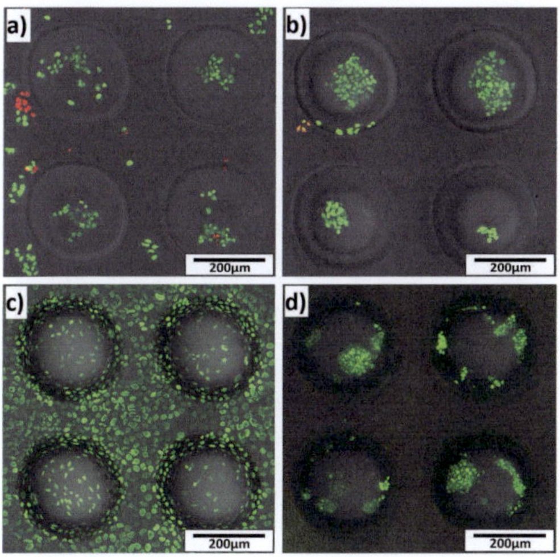

Abbildung 4.16: Analyse der Zelladhäsion von HepG2- (a-b) und L929-Zellen (c-d) auf PLA-Folien. Mittels Lebend-Tod-Färbung (Syto16, PI) nach 3 Tagen Kultur wurde der Unterschied der Zelladhäsion auf mit N_2 behandeltem Material (a, Kavitätentiefe: 130 µm & c, Kavitätentiefe: 150 µm) und PLA mit flächig immobilisiertem VAHyal/PLL (b, Tiefe: 150 µm & d, Tiefe: 250 µm) untersucht.

Die Kontrollversuche (a & c) zeigten deutlich, dass die Zellattraktivität von lediglich mit N_2 behandelten jedoch ansonsten unbeschichteten, thermogeformten PLA-Folien sehr hoch ist, und HepG2 sowie auch L929 Zellen auf dem gesamten Bereich der Folien, d.h. auf den Stegen und in den Kavitäten, adhärierten. Eine nach 3 Tagen in Kultur durchgeführte Lebend-Tod-Färbung mittels Syto 16 und PI zeigte eine Vitalität der Zellen von nahezu 100%. Durch eine Beschichtung mittels VAHyal/PLL vor dem Thermoformen konnten die Stege des Chips flächig beschichtet werden, und eine Zelladhäsion wurde dadurch verhindert. Durch Aufreißen der Hyalschicht innerhalb der Kavitäten wurden unbeschichtete Bereiche der Folie freigelegt, die eine Zelladhäsion lediglich in den Vertiefungen möglich machten (b & d). Auch hier war die Vitalität der Zellen durch eine Beschichtung mit Hyaluronsäure nicht eingeschränkt.

Die dargestellte Methode und vor allem das Ergebnis der auf unbehandelten PLA-Folien stark adhärenten L929 Zellen zeigt sehr deutlich die Wirksamkeit eines photoimmobilisierten Gemisches aus VAHyal/PLL auf PLA auch im Zusammenhang mit dem Verfahren des Mikrothermoformens. Das mit Hilfe des gezeigten Ansatzes gewonnene Resultat bietet u.a. die Möglichkeit zur Optimierung grundlagen-orientierter Anwendungen im KITChip. Diese Technologie kann im Rahmen der Analyse dreidimensionaler HepG2 Zellaggregate im Hinblick auf die Differenzierung ihres Phänotyps [8] verwendet werden, um eine mögliche Monolayer Zellkultur auf den Stegen und eine dadurch resultierende Mischkultur, zu verhindern.

Neben einer flächigen Beschichtung der Folien ist es jedoch auch möglich definierte Muster mit kleineren Abmessungen als die der geformten Mikrokavitäten zu erzeugen, um somit die Zelladhäsion lokal auf gekrümmten Oberflächen innerhalb einer einzelnen Kavität bis zu einer Tiefe von 150 µm und einem Verstreckfaktor von ½ zu kontrollieren. Abbildung 4.17 zeigt die Ergebnisse durch Nutzung einer Linienmaske mit einer Linienbreite von 20 µm und einem Linienabstand von 100 µm während der UV Bestrahlung. Auch in diesem Fall wurde das verwendetet VAHyal/PLL Gemisch auf der Plasma behandelten PLA-Folie immobilisiert, die Probe thermogeformt und im Anschluss die Zelladhäsion von HepG2- und L929-Zellen analysiert. Dazu wurden wiederum zunächst 500 000 Zellen in 300 µl Medium auf die 6-Well großen Strukturen gegeben und nach etwa 3 h auf 3 ml aufgefüllt.

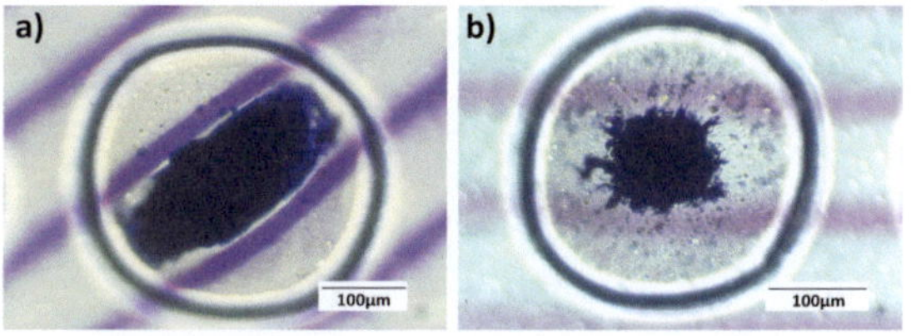

Abbildung 4.17: Thermogeformte PLA-Folien mit VAHyal/PLL Linienmuster (Breite: 20 µm, Abstand: 100 µm). Adhärente HepG2 Zellen (a, Tiefe: 110 µm) sowie L929 Fibroblasten (b, Tiefe: 100 µm) wurden nach 3 Tagen mit Kristallviolett angefärbt.

Nach 3 Tagen Zellkultur wurden die einzelnen Proben mit Kristallviolett angefärbt und eine räumlich kontrollierte Zelladhäsion, bei der die Zellen lediglich in den Zwischenräumen der einzelnen Linien anhafteten, war zu erkennen. Erst nach einer längeren Kultivierungszeit über mehrere Tage wurde das Zellaggregat so groß, dass es letztendlich auch über die zellabweisenden Linien hinausragte.

Im Vergleich zu anderen Techniken, bei denen z.B. Arrays aus PDMS und Hydrogelen verwendet werden [87, 88], erlaubt die Anwendung des Mikrothermoformens und die hier gezeigte Erweiterung der SMART-Technologie mittels Immobilisierung von Hyaluronsäure eine räumliche Kontrolle der Zelladhäsion auch innerhalb von Mikrokavitäten, d.h. auf stark gekrümmten Oberflächen. Ein mögliches Anwendungsgebiet der Strukturen ist die Analyse von Zell-Zell-Interaktionen in definierten, räumlichen 3D Ko-Kulturen. Schon aktuell gibt es diverse Bestrebungen mittels Photolithographie, Softlithographie oder auch anderen Drucktechniken strukturierte Oberflächen auf flachen Substraten zu erzeugen. Durch ein dadurch ermöglichtes gezieltes Aufbringen von Zellen und der anschließenden Kultivierung einer weiteren, geeigneten Zelllinie in den noch nicht besiedelten Zwischenräumen, kann eine Ko-Kultur erzeugt werden, durch die eine verbesserte Anpassung an die *in vivo* Bedingungen realisiert werden kann [27]. Die hier präsentierte Methode ermöglicht in Kombination mit dem Mikrothermoformen zusätzlich eine räumliche Anordnung der Zellen und stellt daher eine Optimierung des Systems dar. Desweiteren können Zellpolarität induzierende Muster innerhalb der Kavitäten erzeugt werden, indem sich z.B. die Morphologie von Zellen eines in der Länge ausgerichteten zellabweisenden Musters anpasst.

4.3.2 Proteingradienten in mikrofluidischen Kanälen

Wie im Verlauf dieser Arbeit gezeigt ist ein Hauptanwendungsfeld der Technologie des Mikrothermoformens die Herstellung polymerer, funktioneller „Micro Well Arrays“ für eine Verwendung im Bereich der dreidimensionalen Zellkultur. Aufgrund vielfältiger Eigenschaften des Verfahrens, wie z.B. der Variabilität in der Form der erzeugten Polymerstrukturen durch Verwendung verschiedener Formwerkzeuge, werden jedoch auch weitere Anwendungsgebiete, wie z.B. das der BioMEMS ermöglicht. Um in diesem Bereich dem stetig ansteigenden Bedarf an LOC- und auch µTAS-Systemen, wie z.B. Kapillarelektrophorese oder auch Hochleistungs-flüssigkeitschromatographie Systeme (HPLC), gerecht zu werden, ist es möglich die Methode des Mikrothermoformens einzusetzen. Die in diesem Zusammenhang benötigte kostengünstige, sowie schnelle und einfache Herstellung mikrofluidischer Polymerstrukturen wird allerdings bisher hauptsächlich durch die Verfahren des Mikrospritzgusses oder auch des Heißprägens realisiert. Diese bislang gängigsten Methoden zur Herstellung polymerer mikrofluidischer Systeme [89, 90] sind zwar mit einem relativ geringen Kosten- und Arbeitsaufwand verbunden und bieten im Fall des Mikrospritzgusses auch die Möglichkeit zu umfangreichen Fertigungsreihen, jedoch kann die steigende Nachfrage integrierter Funktionen nur begrenzt erfüllt werden. Das Aufbringen strukturierter Oberflächenmodifikationen innerhalb der Kanäle, wie z.B. Topographien für kontrollierte Benetzungseigenschaften, kann nicht mehr im vollen Umfang von diesen Verfahren realisiert werden, da das Polymer zum Formen der Strukturen in die Schmelzphase gebracht wird und somit zuvor aufgebrachte Strukturierungen nicht erhalten werden können. Lediglich Modifikationen am Boden der Struktur, die innerhalb des Formvorgangs integriert werden [34, 91] oder eine Behandlung der gesamten inneren Oberfläche des fertiggestellten Kanals durch z.B. chemische Gasphasenabscheidung [92] sind möglich.

Einen Lösungsansatz für dieses Problem stellt die Technologie des Mikrothermoformens dar. Auch mit dieser im Prinzip für die Massenproduktion geeigneten Methode lassen sich nach Herstellung zweckmäßiger Werkzeuge polymere mikrofluidische Kanäle mit geringem Kosten- und Arbeitsaufwand herstellen. Desweiteren bietet die auf diesem Verfahren basierende SMART-Technologie zusätzlich die Möglichkeit strukturierte Oberflächenmodifikationen in die Kanäle zu integrieren.

In einer Kooperation mit der Technischen Universität Dänemark (DTU Nanotech) konnte dieses Potential zur Funktionalisierung mikrofluidischer Kanäle zur Weiterentwicklung eines bereits bestehenden Systems verwendet werden. In dem dort verfolgten Forschungsbereich der zellbasierten Krebs Immuntherapie ist es das Ziel, komplexe, polymere Mikrosysteme zu entwickeln, die ihre Anwendung in der *in vitro* Differenzierung von Zellen finden. Durch Nachahmung der räumlichen Umgebung von Blutgefäßen, durch z.B. funktionalisierte mikrofluidische Kanäle, sollen die von einem Patienten entnommenen Blutzellen so aktiviert werden, dass sie nach der Injektion zurück in den menschlichen Körper als aktive Immunzellen bei der Bekämpfung von entsprechenden Tumorerkrankungen eine wesentliche Rolle spielen [93]. Im Rahmen dieses Projektes wurden an der DTU erste Experimente zu definierten Proteingradienten auf Glas und deren Einfluss auf die Adhäsion und Migration von Zellen durchgeführt.

Es ist bekannt, dass Fraktalkin, ein transmembranes Chemokin, von Endothelzellen *in vivo* im Bereich von Entzündungen exprimiert wird. Desweiteren wird angenommen, dass die Konzentration der exprimierten Moleküle radial vom Punkt des Entzündungsherdes abnimmt und somit einen fallenden Konzentrationsgradienten ausbildet. Als Adhäsionsmolekül für Leukozyten lösen diese Signalproteine eine Migration bei den Zellen aus und führen dazu, dass sich diese zum Punkt der höchsten Konzentration und somit in Richtung der Entzündung bewegen. Durch Nachahmen dieser Gradienten mittels Substrat gebundener Fraktalkinmuster *in vitro* ist es das Ziel die beschriebenen *in vivo* Bedingungen auch innerhalb eines Mikrosystems zu imitieren. In ersten Ergebnissen konnte bereits gezeigt werden, dass durch eine strukturierte Beschichtung einer Glasoberfläche mit einem Fraktalkingradienten die Adhäsion sowie die Migration von Immunzellen sowie von entsprechenden rezeptorexprimierenden Zellen *in vitro* beeinflusst werden kann [94].

Auf Basis dieser vielversprechenden Ergebnisse auf planaren Glasoberflächen wurde innerhalb dieser Arbeit eine neue Methode entwickelt, die die Integration solcher Proteingradienten auch innerhalb von mikrofluidischen Kanälen ermöglicht und dadurch die *in vivo* Bedingungen eines Blutgefäßes besser rekonstruiert. Aufgrund der hohen Komplexität konnte ein solches System jedoch nur mit Hilfe verschiedener Vorversuche realisiert werden. Zunächst musste die Beschichtung der Polymeroberfläche mit einem Gradienten aus Fraktalkin garantiert werden. Dazu stellte die Technologie der Softlithographie und im Speziellen des „Microcontact

Printing" (μCP) [26] einen geeigneten Kandidaten dar. Mit Hilfe von strukturierten Polydimethylsiloxan (PDMS) Stempeln ist es möglich, Proteine auf Substrate zu transferieren, die eine höhere Benetzbarkeit als PDMS aufweisen [95, 96]. Abbildung 4.18 zeigt die Herstellung geeigneter Stempel mittels einer Silizium Masterstruktur und die anschließende Verwendung der PDMS Stempel im μCP Verfahren zur Herstellung von Proteinmustern auf benetzbaren Oberflächen.

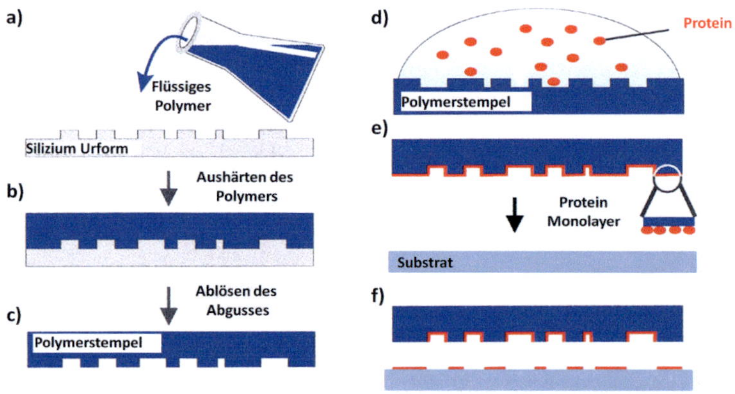

Abbildung 4.18: Herstellung (a-c) und Nutzung (d-f) des Silikonstempels im Microcontact Printing Verfahren. Ein flüssiges „pre-polymer" wurde auf eine strukturierte Siliziumstruktur gegeben (a) und ausgehärtet (b). Der so entstehende Silikonstempel (c) wurde mit einer Proteinlösung inkubiert (d), mit einer benetzbaren Oberfläche in Kontakt gebracht (e). und die dünne Proteinschicht dadurch auf das Substrat übertragen (f) [95].

Zur Herstellung der Silikonstempel wurden durch UV-Lithographie hergestellte Siliziummasterstrukturen verwendet, die eine spezielle Gradientenstruktur aufweisen. Auf einer Fläche von 4 x 6 mm^2 befinden sich parallele, linienartige Vertiefungen, deren Breiten in einem linearen Gradienten über die ganze Fläche zunehmen (0-100% Flächendeckung). Das PDMS Sylgard-184 (Dow Corning, US) wurde nach Herstellerangaben in einer Mischung von 10:1 verwendet. Nachdem die Silizium-struktur abgegossen wurde (a), vernetzte das Silikon für einige Stunden bei 60°C im Ofen (b), bevor es abgelöst und verwendet werden konnte (c). Die so entstandenen, in diesem Fall etwa 1 x 1 cm^2 großen, PDMS Strukturen wurden im Anschluss für etwa

10 min mit der Proteinlösung inkubiert (d) bevor sie mit deionisiertem Wasser gespült, mit Stickstoff getrocknet (e) und schließlich für den Stempelvorgang genutzt werden konnten (f). Durch Ausüben eines leichten Druckes (ca. 0,01-0,03 MPa) für etwa 30 s wurden die Proteine aus der Monolayerschicht von dem Stempel auf die Substratoberfläche transferiert.

Ein direktes µCP von sensitiven Proteinen, wie z.B. Fraktalkin kann jedoch zu Problemen führen, die in der Denaturierung der biologisch-aktiven Molekülgruppen begründet sind. Um dennoch eine volle Funktionsfähigkeit der Signalproteine zu garantieren, wurde die Methode des indirekten µCPs angewendet. Bei dieser Technologie wird zunächst ein mit einer molekularen Markierung versehener primärer Antikörper mittels µCP auf das Polymer aufgedruckt und das gewünschte sensitive Protein anschließend über eine spezifische Antigen-Antikörper-Reaktion gebunden. In der hier beschriebenen Versuchsdurchführung wurde daher Immunoglobulin G (IgG), ein für das Immunsystem wichtiger Antikörper, als primärer Antikörper mit einer Konzentration von 10 µg/ml in PBS (ohne Ca^{2+}/Mg^{2+}) für das µCP Verfahren verwendet (Für genaue Zusammensetzungen und Herstellerangaben siehe Hjorto et al., 2009 [94]). Um eine für das Fraktalkin geeignete Antigen Bindungsstelle zu gewährleisten, wurde das IgG zuvor mit einem anti-his Merkmal versehen, welches die Möglichkeit bot in einem nachfolgenden Schritt das entsprechend his-markierte Chemokin zu binden. Abbildung 4.19 verdeutlicht das Funktionsprinzip.

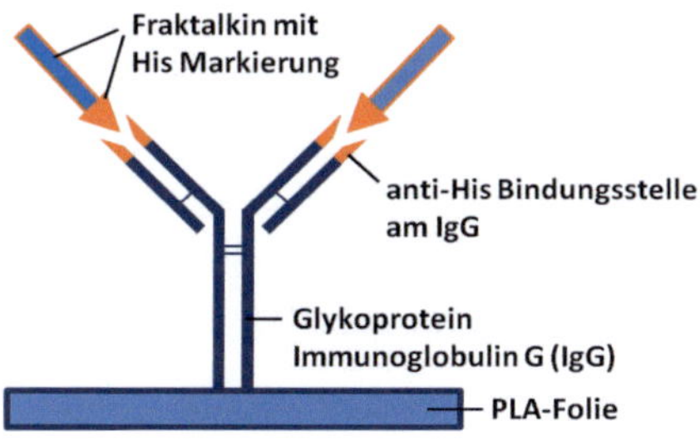

Abbildung 4.19: Das Prinzip der speziellen Antigen-Antikörper-Verbindung von his-markiertem Fraktalkin an einer anti-his Markierung des IgG. Es können nur genau die Antigene an einen Antikörper binden, für die die Antigenbindungsstelle ausgelegt ist (Schlüssel-Schloss-Prinzip).

Neben einer geeigneten Antigen-Antikörper-Reaktion spielte jedoch auch die Wahl eines geeigneten Polymers eine wichtige Rolle in dem Prozess. Das im Rahmen der SMART-Technologie in einem „pre-process" aufgebrachte IgG weist lediglich eine thermische Stabilität von etwa 60°C auf [97] und kann somit schnell durch zu hohe Temperaturen während des Formprozesses denaturiert werden und würde somit das Anbinden des Fraktalkins verhindern. Um diesen Effekt zu umgehen, wurde daher ein Polymer mit einer möglichst geringen Glasübergangstemperatur benötigt. Desweiteren sollte die hier gezeigte Methode Anwendung in der zellbasierten Immuntherapie finden, so dass der Gebrauch von biokompatiblen Materialien unbedingt erforderlich war. Mit einer Formtemperatur von ca. 60°C stellte somit die 25 µm dicke Sidaplax PLA-Folie einen geeigneten Kandidaten für die gewünschte Anwendung dar.

Im Anschluss an die Materialwahl wurde in ersten Experimenten auf Basis der vorgestellten Methode des indirekten µCPs zunächst die Realisierbarkeit eines Fraktalkingradienten auf einer flachen PLA-Folie veranschaulicht und dadurch die bestehenden Ergebnisse auf Glas reproduziert. Um eine möglichst reine Oberfläche für den Vorgang des µCPs zu garantieren, wurden die zuvor mit 70% 2-Propanol in Wasser gereinigten Oberseiten der Folien einem Luftplasma ausgesetzt, so dass verbliebene Verunreinigungen durch einen Oxidationsprozess beseitigt werden konnten. Für eine allgemeine Qualitätsaussage des µCPs von IgG auf PLA-Folien und dem anschließenden Ankoppeln des Fraktalkins, wurden beide Proteinlösungen mit Fluoreszenzfarbstoffen markiert. Der mit 5% Alexa 488 in PBS markierte primäre Antikörper wurde daraufhin auf die PLA-Folie gestempelt, für 10 min mit einer 2%igen BSA in PBS Lösung geblockt und im Anschluss für etwa 2 h mit 1 µg/ml Fraktalkin in PBS inkubiert. Um auch dieses Ergebnis im Anschluss unter dem Fluoreszenzmikroskop zu begutachten, wurde der sekundäre Antikörper mit 5% Alexa 555 Farbstoff in PBS markiert. Abbildung 4.20 zeigt die Ergebnisse des µCPs und des anschließenden Ankoppelns von Fraktalkin.

Anhand der abgebildeten LSM-Aufnahmen (Zeiss LSM 5 Pascal, Carl Zeiss, Oberkochen) ist zu erkennen, dass die angewendete Methode des indirekten µCPs auf PLA zur Erzeugung eines Fraktalkingradienten prinzipiell verwendet werden kann. Die aufgestempelten IgG-Strukturen zeigen in Bereichen großer (a) sowie auch kleiner Flächendeckung der Struktur (b) eine klare Kontur mit einer gleichmäßigen Verteilung des IgG. Auch die Anbindung des Fraktalkins war problemlos durchführbar, was durch die gleichmäßige Rotverteilung in den verschiedenen Bereichen (c und d) sichtbar wird.

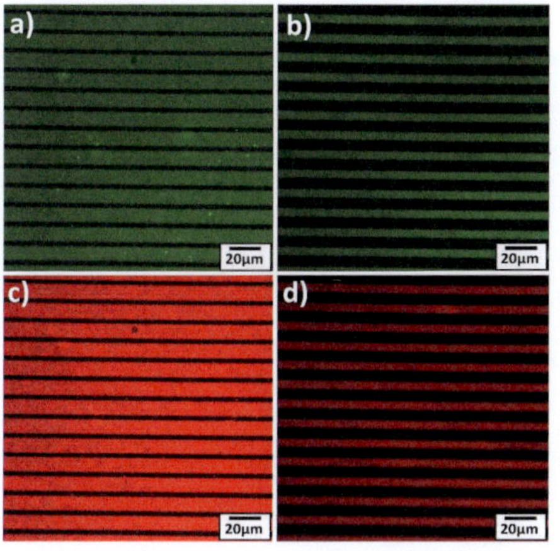

Abbildung 4.20: IgG (grün) wurde strukturiert mittels µCP auf PLA aufgebracht und im Anschluss Fraktalkin (rot) über eine anti-his/his-Verbindung angekoppelt. Die Bilder a) und c) sowie b) und d) zeigen identische Bereiche auf der Folie in den verschiedenen Fluoreszenzkanälen des LSM.

Nach erfolgreicher Strukturierung der flachen PLA-Folie wurde diese Methode nach dem Prinzip der SMART Technologie mit dem Mikrothermoformen kombiniert. Dazu wurde zunächst in einem ersten Schritt die plasmabehandelte PLA-Folie mit IgG bestempelt und die Funktionalisierung auf diese Weise auf die flache Polymerfolie aufgebracht. In einem anschließenden Thermoformvorgang wurde diese Folie senkrecht zur IgG-Struktur in einen offenen mikrofluidischen Kanal mit einer Länge von 2 cm und einem Durchmesser von etwa 300 µm umgeformt. Das dazu verwendete Formwerkzeug ist in Abbildung 4.21 abgebildet.

Mit Hilfe der dargestellten 300 µm dicken Messingkulissenmaske mit einer 2 cm langen und 300 µm breiten Aussparung wurden, mit einer idealen Formtemperatur von 60°C und einem Druck von 1,5 MPa, Kanaltiefen von etwa 160 µm erreicht. Um die auf diese Weise erzeugte primäre Antikörperstruktur von IgG innerhalb eines mikrofluidischen Kanals mittels eines sekundären Antikörpers zu funktionalisieren, wurde die Kanalstruktur zunächst für etwa 10 min mit 2%igem BSA geblockt bevor sie für 2 h mit Fraktalkin inkubiert wurde. Abbildung 4.22 zeigt das Ergebnis einer solchen Versuchsdurchführung.

Abbildung 4.21: Messingformwerkzeug für die Herstellung mikrofluidischer Kanäle. Neben einer photographischen Aufnahme der 300 µm dicken Kulissenmaske mit einer 2 cm langen und 350 µm breiten Aussparung (links) zeigt eine mikroskopische Aufnahme einen vergrößerten Ausschnitt der Kanalstruktur (rechts).

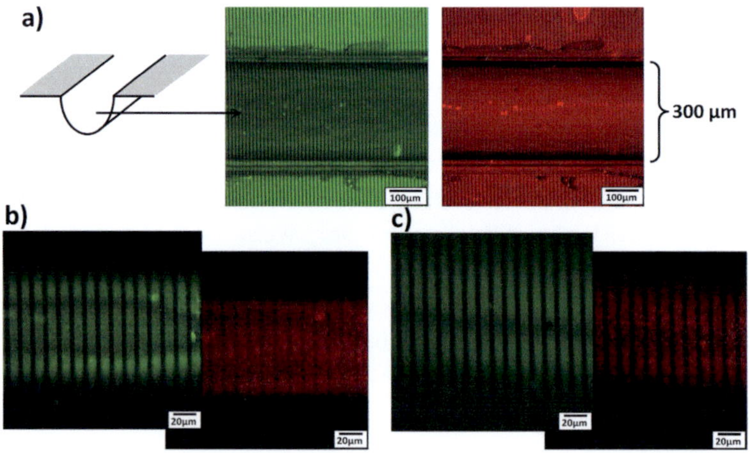

Abbildung 4.22: IgG (grün) und Fraktalkingradient (rot) in einem offenen 160 µm tiefen mikrofluidischen Kanal (a) bei dem sowohl der Boden des Kanals (b) als auch die angrenzenden, flachen Seitenflächen (c) funktionalisiert sind.

Die Fluoreszenzaufnahmen zeigen, dass die grüne IgG Struktur auch nach dem Thermoformen noch sehr gut sichtbar ist. Sowohl am Boden der Struktur (b) als auch auf den angrenzenden, flachen Seitenflächen (Stegen) (c) sind die Konturen klar zu erkennen. Das Anbinden des sekundären Antikörpers hingegen scheint auf den geformten Strukturen nicht optimal zu sein. Obwohl schwache Funktionalisierungen am Boden (b) und auch auf dem Steg (c) zu erkennen sind, ist das Ergebnis im Vergleich zu den flachen PLA-Folien (s. Abbildung. 4.20) noch optimierbar.

Zur Erklärung dieses Resultates gibt es zwei mögliche Ansätze. Zum einen wird die Oberfläche der Polymerfolie durch den Verstreckvorgang während des Thermoformens in der Art verändert, dass die zuvor aufgestempelten Gradienten zwar erhalten bleiben, jedoch in ihrer Fläche und räumlichen Anordnung modifiziert werden. Durch dieses ‚Aufreißen' der Schicht verringert sich die Dichte der adhärierten IgG Moleküle, durch die wiederum die Unschärfe in den resultierenden Bildern zu erklären ist. Desweiteren führt eine solche verbreiterte Molekül- und somit auch anti-his-Verteilung zu einer geringeren Fraktalkin Anbindung pro Fläche und dadurch zu einer Abnahme im Fluoreszenzsignal. Der genau entgegengesetzte Fall dazu wurde bereits von Nguyen et al. am Beispiel sogenannter „Shrinky Dinks" mit Polyolefinen gezeigt [98]. Ein auf das Polymer aufgestempeltes fluoreszierendes Proteinmuster wird durch Schrumpfen des Materials um bis zu 95% in derart verändert, dass die Proteindichte auf der Oberfläche um bis zu 75% ansteigt und somit das Fluoreszenzsignal verstärkt wird.

Eine weitere mögliche Begründung liegt in der Funktionsfähigkeit des IgG und der anti-his Markierung. Wie schon beschrieben, liegt die Grenze der thermischen Stabilität von IgG bei etwa 60°C. Das Umformen der Folie findet jedoch auch bei einer Temperatur von 60°C statt. Um eine quantitative Aussage über die Stabilität des IgGs auch nach Temperatureinwirkungen zu machen, wurde ein einfacher Test bezüglich der Thermostabilität durchgeführt. Dazu wurde zunächst IgG auf drei verschiedene, flache PLA-Folien gedruckt, von denen eine für etwa 30 min bei 60°C, eine weitere für 30 min bei 70°C und die dritte bei Raumtemperatur aufbewahrt wurde. Im Anschluss wurden alle Folien für etwa 30 min mit 2% BSA in PBS + 1% Pluronic F-68 (Sigma) in PBS geblockt bevor sie für ca. 2 h mit einer Fraktalkinlösung inkubiert wurden. Nach dem Spülen mit PBS wurden alle Proben mittels des Fluoreszenzmikroskopes analysiert und die ermittelten Intensitäten der roten Fluoreszenz zusammengefasst. Tabelle. 4.3 veranschaulicht das Ergebnis.

Tabelle 4.3: Intensitätsverteilung der roten Fluoreszenz des Fraktalkins in Abhängigkeit der Vorbehandlung durch verschiedene Temperaturen.

Temperatur	Raumtemperatur	60°C	70°C
Intensität	100%	70%	50%

Betrachtet man die Intensität auf der ohne thermische Einwirkungen hergestellten Struktur als Basis und normiert diese auf 100% so ergibt sich als Ergebnis eine Intensitätsabnahme von etwa 30% bei einer Temperatur von 60°C und einer Abnahme von 50% bei einer Temperatur von 70°C. Eine solche Abnahme der Intensität unter Anwendung derselben Lösungen lässt auf eine Abnahme der Funktionsfähigkeit des IgGs und der anti-his Bindungsstelle schließen, welche wiederum eine mögliche Erklärung für die schwache Signalstärke der Fraktalkin Strukturen innerhalb der offenen mikrofluidischen Kanäle ist.

In einem weiterführenden Versuch, mit dem Bestreben ein artifizielles Gefäßsystem *in vitro* nachzuahmen, war es das Ziel neben offenen mikrofluidischen Kanälen auch gedeckelte Strukturen herzustellen. Die Funktionalisierung der PLA-Folien beruhte dabei auf demselben Prinzip, wie es schon bei den flachen Folien und offenen Kanälen angewendet wurde. Auch in diesem Fall wurden zunächst die flachen PLA-Folien in einem ersten Schritt mit einer Gradientenstruktur aus IgG bedruckt, um sie im weiteren Verlauf mittels des Mikrothermoformens in mikrofluidische Kanäle zu verstrecken. Zum Verschließen des thermogeformten Kanals wurde im Rahmen dieser Arbeit eine weitere mit IgG bedruckte jedoch flache PLA-Folie als Deckel verwendet. Zur Verbindung der beiden Folien wurde die Technologie des thermischen Verschweißens verwendet. Bei diesem Vorgang werden die zu verbindenden Polymere in einen thermoelastischen Zustand gebracht, so dass es an der Kontaktfläche der beiden Folien zu einer Wechselwirkung und einer möglichen Verschlaufung der einzelnen Polymerketten kommen kann. Aufgrund dieser Vereinigung der einzelnen Polymere kann eine feste Verbindung der beiden Folien nach dem Abkühlen erreicht werden [99]. In dem hier beschriebenen Fall wurden daher die Kanalstruktur und die Deckelfolie zunächst anhand ihrer zuvor aufgebrachten Gradientenstrukturen zueinander ausgerichtet. Im Anschluss wurden diese dann unter einem Druck von 20 MPa zwischen zwei Messingplatten bis zu einer

Temperatur von 60°C erhitzt, so dass eine Verbindung der Folien hergestellt werden konnte. Erst im Anschluss an diesen Deckelungsprozess wurde das Fraktalkin angebunden. Dazu wurde zunächst mittels einer Spritze 2% BSA in PBS + 1% Pluronic F-68 in PBS in den Kanal eingebracht, und die Kanalinnenseite für etwa 30 min geblockt. Daraufhin wurde die Fraktalkinlösung auf die gleiche Art und Weise für 2 h in den Kanal gebracht. Nach dem anschließenden Spülen mit PBS und Trocknen mit Stickstoffgas wurde das Ergebnis mittels eines Fluoreszenzmikroskops analysiert. Abbildung 4.23 zeigt schematisch den Vorgang des thermischen Bondens, die grün fluoreszierende IgG Struktur sowie die rot markierte Fraktalkin Struktur am Boden des Kanals.

Im Vergleich zu dem zuvor beschriebenen offenen Kanal zeigt auch dieses Ergebnis eine deutliche und klare IgG Struktur am Boden der geformten Struktur aber im Vergleich dazu ein nur sehr schwaches Signal des angekoppelten Fraktalkins. Neben den schon beschriebenen Problematiken des Aufreißens der funktionellen Schicht und der Abnahme der IgG Funktionalität durch den Thermoformvorgang und der zusätzlichen Temperaturbelastung durch den Bondprozess, kann in dieser Versuchsdurchführung zusätzlich die Schwierigkeit des Ankoppelns von Fraktalkin in einem geschlossenen Kanal eine mögliche Ursache der stärkeren Signalabnahme sein.

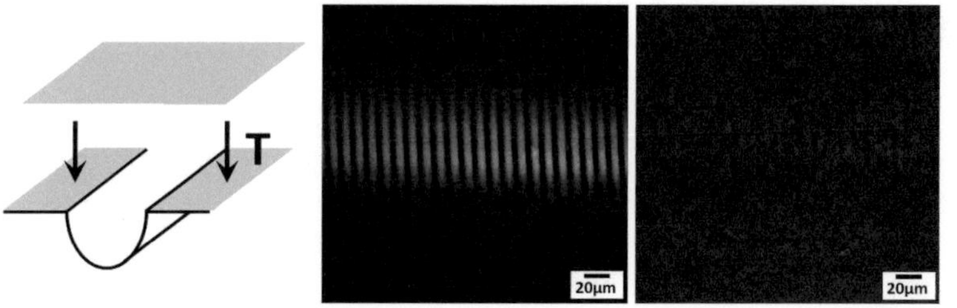

Abbildung 4.23: IgG (grün) und Fraktalkingradient (rot) am Boden eines geschlossenen mikrofluidischen Kanals mit einer Tiefe von etwa 170 µm (60°C, 2,1 MPa). Neben einer deutlichen Struktur des IgG ist nur noch ein schwaches Signal der Fraktalkin Struktur zu erkennen.

Um eine Flüssigkeitszufuhr und somit die Nutzung der auf diese Weise hergestellten mikrofluidischen Kanäle in weiterführenden Experimenten, wie z.B. Zellkulturversuchen, zu ermöglichen, wurden diese schon während des Bondprozesses an beiden Seiten mit Polyimid (PI)-Mikro-Kapillarschläuchen (Reichelt Chemietechnik GmbH + Co., Heidelberg) versehen. Dazu wurden zwei dieser Kapillaren mit einem Innendurchmesser von 0,226 mm, einer Wandstärke von 0,019 mm und einer Länge von etwa 20 mm vor dem Bonden an den Enden des Kanals in die offene Polymerstruktur gelegt und im Anschluss mittels des oben beschriebenen Prozesses mit einer weiteren Polymerfolie als Deckel verschlossen. Mit flüssigem Silikon angebrachte selbstgegossene Silikon-Luer-Anschlüsse am anderen Ende der Schläuche ließen eine einfache Kontaktierung mit anderen Bauteilen, wie z.B. Spritzen oder anderen Schläuchen, zu und vereinfachten somit die Zuführung weiterer Proteinlösungen oder auch Zellsuspensionen zum modifizierten Bereich innerhalb des Kanals. Abbildung 4.24 zeigt eine CAD-Zeichnung des beschriebenen Aufbaus.

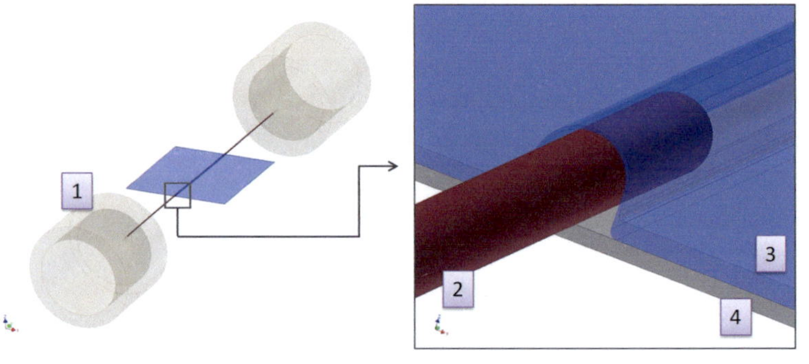

Abbildung 4.24: CAD-Zeichnung eines geschlossenen mikrofluidischen Kanals. Die PI Schläuche (2) wurden mittels Bonden zwischen der geformten Folie (3) und der Deckelfolie (4) eingeklemmt. Luer-Anschlüsse (1) am anderen Ende ermöglichten die Kontaktierung zu anderen Bauteilen.

Wie in der Zeichnung zu erkennen ist der Zugang zur IgG Struktur in der Mitte des Kanals somit sehr einfach über die beiden Kapillaren möglich. Das Einbringen der Fraktalkinlösung in den Kanal mittels einer Spritze durch einen der Schläuche stellt jedoch auch die mögliche Ursache für das schwache Signal des rot fluoreszierenden Fraktalkingradienten dar. Wie in zahlreichen Veröffentlichungen gezeigt wurde, weisen diverse Polymere wie z.B. Polycarbonat, PMMA aber auch Polyimid eine hohe Affinität für unspezifische Proteinadsorption auf [100, 101]. Möglicherweise adsorbieren daher die Fraktalkinmoleküle der sehr gering konzentrierten Lösung

(1 µg/ml) auf der inneren Oberfläche ($1{,}42 \cdot 10^{-4}$ cm^2 bei einer Länge von 20 mm) der Polyimidschläuche, so dass nur noch ein geringer Anteil der Moleküle zu dem gewünschten IgG Gradienten innerhalb des mikrofluidischen Kanals gelangt und dort anbindet.

Zur Optimierung der in diesem Kapitel präsentierten Ergebnisse mit dem Ziel einer verbesserten Immobilisierung von Proteingradienten in offenen sowie auch in geschlossenen mikrofluidischen Kanälen können in weiterführenden Arbeiten verschiedene Ansätze durchgeführt werden. Für eine allgemeine Verbesserung der Bindung von IgG und Fraktalkin an die PLA Oberfläche und die damit verbundene Steigerung des Fluoreszenzsignals, ist es u.a. notwendig unspezifische Proteinadsorption auf der nicht modifizierten PLA-Folie, d.h. in den Zwischenräumen des gestempelten Gradienten, zu vermeiden. Aufgrund einer sehr hohen Affinität für Proteinadsorption und auch Zelladhäsion des verwendeten Polymilchsäure-Materials ist zunächst die Funktionsfähigkeit der bisherigen, in der Biologie standardisierten, Methode des Blockens durch Inkubation mit BSA zu überprüfen. In vorläufigen Experimenten dazu konnte bereits festgestellt werden, dass das zehnminütige Inkubieren der PLA-Folie mit einer 2%igen BSA Lösung keinen Einfluss auf die Adhäsion von L929-Zellen aufweist und daher für das Verhindern unspezifischer Adsorption auch innerhalb der Kanäle ungeeignet ist. Erst durch das flächige Aufbringen der Proteine auf einer flachen Folie mit Hilfe des Verfahrens des µCPs konnte die Zelladhäsion in diesen Bereichen verhindert werden. Anhand dieser Resultate ist zu untersuchen, ob diese Methode auch Anwendung innerhalb mikrofluidischer Kanäle findet. In diesem Zusammenhang muss zunächst die Möglichkeit des µCP von IgG auf bereits mit BSA modifizierter PLA-Folie gezeigt werden. Außerdem muss untersucht werden, ob das Blocken der PLA-Folie vor der Funktionalisierung mit IgG auch noch nach dem Thermoformen die unspezifische Bindung von Fraktalkin in den Zwischenräumen des Gradienten verhindert.

Desweiteren kann nach einem anderen Polymer mit einer niedrigeren Formtemperatur gesucht werden, um eine mögliche temperaturbedingte Denaturierung des IgGs zu vermeiden. In diesem Fall ist jedoch zu beachten, dass durch eine geringer werdende Formtemperatur auch die Formstabilität der Strukturen eingeschränkt wird. Liegt der Glasübergangsbereich des Materials im Bereich der Verwendungstemperatur (z.B. bei 37°C im Brutschrank für Zellkulturversuche), so liegt die Folie dauerhaft in einem erweichten Zustand vor, und die geformten

Strukturen bilden sich mit der Zeit wieder zurück. Eine beständige Form kann in diesem Material nicht garantiert werden.

Im Fall der geschlossenen Strukturen mit angeschlossenen Polyimidschläuchen ist es ferner unumgänglich die Adsorptionseigenschaften des Polyimids bezüglich des Fraktalkins zu bestimmen, um einen möglichen Konzentrationsverlust durch unspezifische Bindungen zu untersuchen. In einem einfachen qualitativen Experiment dazu kann z.B. das Fluoreszenzsignal einer flachen Polyimidfolie vor und nach der Inkubation mit einer rot fluoreszierenden Fraktalkinlösung mit Hilfe eines Fluoreszenzmikroskopes analysiert werden. Für eine qualitative Aussage ist es auch möglich die Lösung durch die Polyimidschläuche zu pumpen und die Fraktalkinkonzentration vorher und nachher mittels chemischer Analysetechniken zu untersuchen. Im Fall eines positiven Ergebnisses ist es auch hier notwendig eine geeignete Methode zum Blocken der inneren Oberfläche zu entwickeln oder aber einen Materialwechsel in Erwägung zu ziehen. Letzteres kann jedoch bisher nur eingeschränkt realisiert werden, da Kapillaren in den benötigten Abmessungen kommerziell nur auf Basis weniger Materialien, wie z.B. Polyimid- oder Quarz, erhältlich sind.

Nach erfolgreicher Lösung der Probleme und Realisierung eines geeigneten Aufbaus für Zellkulturexperimente können Durchflussexperimente sowohl mit entsprechenden rezeptorexprimierenden Zellen als auch primären Zellen durchgeführt werden. Es ist zu untersuchen, ob sich die Zellen auch in einem mikrofluidischen Kanal durch den Fraktalkingradienten in ihrer Adhäsion beeinflussen lassen und evtl. sogar eine Migration in Richtung eines höheren Gradienten zu beobachten ist.

Durch das in diesem Kapitel dargestellte Verfahren konnte am Beispiel des indirekten µCPs von Fraktalkin die allgemeine Möglichkeit einer definierten Immobilisierung von Proteinen in thermogeformten Polymerstrukturen gezeigt werden. Durch eine hohe Variationsmöglichkeit innerhalb der Wahl des primären Antikörpers und auch der entscheidenden Antigen-Antikörper-Verbindung besteht das Potential für die Anbindung diverser Proteine in thermogeformten Strukturen. Neben dem Stempeln einer einzelnen Proteinlösung ist es außerdem möglich in aufeinanderfolgenden Schritten verschiedene Proteine auf ein Substrat aufzubringen, was in einer komplexen Proteinstruktur innerhalb thermogeformter Strukturen resultieren kann.

4.4 Kombination von SMART-Modulen

Nachdem im vorherigen Kapitel die Funktionalisierung und Immobilisierung von Proteingradienten in mikrofluidischen Kanälen gezeigt wurde, wird im Folgenden die Kombination einzelner SMART-Module wieder am Beispiel des KITChips dargestellt. Neben den im ersten Teil der Arbeit gezeigten Oberflächenmodifizierungen spielt auch die Porosität der Chips eine wichtige Rolle für dreidimensionale Zellkulturen. Wie schon in Kapitel 2 beschrieben, können die polymeren Grundmaterialien mit Hilfe von Schwerionenbestrahlung und einem anschließenden Ätzschritt mit Poren versehen und auf diese Weise eine ausreichende Nährstoffversorgung der Zellen im Aggregat garantiert werden [9, 12]. Um eine solche Grundversorgung auch in modifizierten Strukturen zu gewährleisten, wurde eine neue Technologie entwickelt, die eine Kombination einzelner SMART-Module, wie z.B. die der Oberflächenstrukturierungen, mit einer Porosität der Chips zulässt.

Durch die Erzeugung irreversibler struktureller Veränderungen entlang der Trajektorien der energiereichen Ionen kann die Ionenspurtechnologie zur Permeabilisierung von Polymerfolien angewendet werden. Der Bereich der strahleninduzierten Materialmodifikation, der auch als latente Spur bezeichnet wird, kann aufgrund veränderter Materialeigenschaften in einem nasschemischen Ätzschritt selektiv zu Poren geätzt bzw. entwickelt werden. Neben den latenten Spuren (aktivierter Bereich) wird auch die gesamte, dem Ätzmedium ausgesetzte Oberfläche des Bulkmaterials (reaktive Zone) durch die Ätzlösung angegriffen und die Folienstärke dadurch reduziert. Die Entstehung der Poren und vor allem die Porengeometrie sind daher hauptsächlich vom Verhältnis der Ätzrate des aktivierten Bereichs und der des unbestrahlten Materials abhängig [45]. Aufgrund der Tatsache der reaktiven Oberfläche und somit der Reaktion der obersten Schicht des Bulkmaterials mit der chemischen Lösung ist es nicht möglich, eine mit Schwerionen bestrahlte und danach funktionalisierte Folie zu ätzen ohne die Oberflächenmodifikationen zu beeinflussen. Um diesen Effekt zu umgehen, ist es daher erforderlich den Ätzprozess schon vor dem Aufbringen der Funktionalisierung durchzuführen und im Anschluss eine modifizierte, bereits poröse Folie umzuformen. Eine Möglichkeit den Formprozess einer porösen Folie zu realisieren wurde kürzlich von Ikeuchi und Ikuta gezeigt [102] Mit Hilfe des „Membrane Micro Embossing“ (MeME) Prozesses [103] wird das Polymer im thermoelastischen Zustand mittels einer strukturierten Masterstruktur (Stempel) in eine weiche Kunststoffunterlage gedrückt, so dass die Folie nach dem Abkühlen eine eingeprägte, inverse Masterstruktur aufweist. In Kombination mit einer Oberflächenstrukturierung, können jedoch mit dieser Methode Probleme auftreten. Möglicherweise beeinflusst z.B. die Friktion zwischen Stempel und Folienoberfläche zuvor aufgebrachte Funktionalisierungen, wie beispielsweise definierte Proteinmuster oder Topographien. Um eine Kombination aus Porosität und Materialmodifikation zu ermöglichen, wurde daher im Rahmen dieser Arbeit eine neue auf dem Hochdruck-Mikrothermoformen basierende Technologie, das sogenannte ‚Doppelmembran-Formen', entwickelt, mit dem es möglich ist bereits poröse Folien unter Erhalt der Modifikation zu thermoformen. Abbildung 4.25 verdeutlicht die Vorgehensweise dieser Methode.

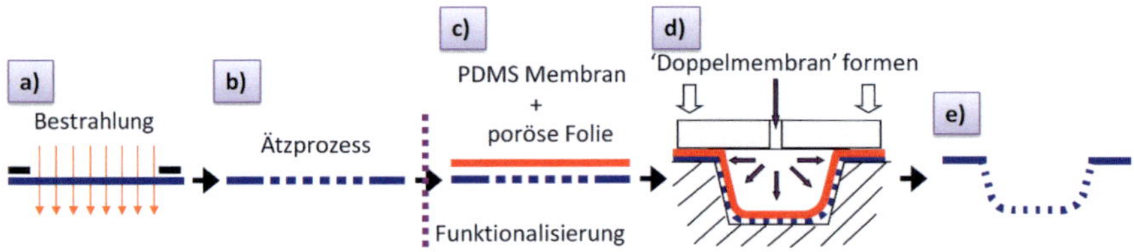

Abbildung 4.25: Schematische Darstellung des ‚Doppelmembran-Formens' zur Herstellung funktionalisierter und poröser Strukturen. Die mit Schwerionen bestrahlte Folie (a) wurde in einem direkten Ätzschritt permeabilisiert (b) bevor sie in einem weiteren Schritt als Verbund mit einer dünnen Silikonmembran (c) thermogeformt (d) und somit dreidimensional verstreckt wurde. Um die zusätzliche Funktionalisierung zu erreichen wurde die Oberfläche der Folie erst nach dem Ätzschritt aber vor dem Mikrothermoformen modifiziert.

Zur Vermeidung des Einflusses der Ätzlösung auf bereits zuvor aufgebrachte Funktionalisierungen, wurde das gewünschte polymere Material zunächst mit Schwerionen bestrahlt (a) und in einem direkt anschließenden Schritt geätzt (b). Um eine für das Verfahren des Hochdruck-Mikrothermoformen mit Gas benötigte abgedichtete Folie zu gewährleisten, wurde das bereits poröse Material im Verbund mit einer dünnen Silikonmembran (15-30 µm) (c) verwendet. Durch dieses sogenannte „Doppelmembran-Formen" (d) wurde verhindert, dass das einströmende Gas durch die Poren in der Folie das zuvor evakuierte Werkzeug flutet und dadurch ein Einformen des Materials unmöglich macht. Nach dem Formen konnte die

Silikonmembran von der Polymerfolie abgelöst werden mit dem Ergebnis einer bereits porösen dreidimensional verstreckten Folie (e).

Zur Realisierung solcher Strukturen wurde in der vorliegenden Forschungsarbeit mit der bereits vormodifizierten 65 µm dicken PC-Folie von it4ip gearbeitet. Durch nasschemisches Ätzen in wässriger 5N NaOH-Lösung wurden die Folien unter Zusatz eines Netzmittels zunächst bei 70°C für etwa 2 h geätzt und dadurch permeabilisiert. Parallel wurden die dünnen Silikonmembranen hergestellt. Dazu wurde ein Tropfen Sylgard-184 Silikon (10:1) für etwa 1 min mittels eines Spincoaters bei 2000 rpm auf eine mit Polyvinylalkohol (PVA) beschichtete 50 µm dicke Polycarbonatfolie geschleudert. Durch anschließendes Lösen der PVA-Schicht in Wasser (10 min, 50°C) wurden freitragende etwa 20-30 µm dicke Silikonmembranen erzeugt, die zum Thermoformen verwendet werden konnten (Für weitere Angaben siehe: Binder, 2009 [104].). Mit einer Formtemperatur von 157°C und einem Gasdruck von etwa 2,8 MPa ließen sich Arrays aus Kavitäten mit einer Tiefe von 150 µm in der porösen PC-Folie erzeugen. Abbildung 4.26 zeigt eine LSM-Aufnahme und das dazugehörige Höhenprofil (Keyence VK-9710, 02/2009) einer auf dieser Weise verstreckten Folie.

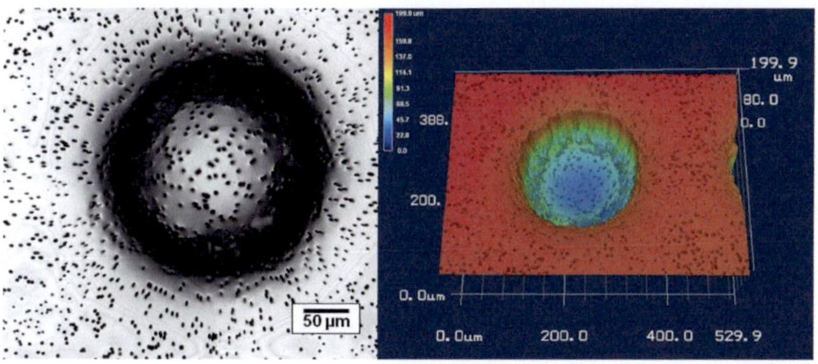

Abbildung 4.26: Mikrothermogeformte poröse PC-Folie mit einer Tiefe der Kavität von etwa 150 µm (157°C, 2,8 MPa). Neben der auf der linken Seite dargestellten LSM Aufsicht in eine der Kavitäten, ist auf der rechten Seite das Höhenprofil der Struktur zu erkennen.

Die etwa 150 µm tiefe Kavität weist Poren über ihre gesamte Oberfläche auf. Durch den hohen Verstreckfaktor des Polymers während des Formvorgangs wurden jedoch auch die Durchlöcher in der Folie beeinflusst, so dass die Poren (Porenöffnung an der Oberseite der Folie) am Boden und an den Seitenwänden der Struktur mit einem

Durchmesser von (4,3 ± 0,2) µm etwas größer waren, als auf den Stegen mit (3,5 ± 0,5) µm. Um in einer zellbiologischen Anwendung eine Nährstoffversorgung zu gewährleisten, ist diese Tatsache jedoch nicht entscheidend; allerdings sollte die Größe der Poren den Durchmesser der Zellkerne nicht überschreiten, damit die Zellen nicht durch die Poren migrieren. Die Größe der Durchlöcher steht in Beziehung mit der Ätzzeit der Folie und kann daher individuell eingestellt werden. Abbildung 4.27 verdeutlicht den linearen Zusammenhang des Porendurchmessers in einer flachen PC-Folie und der Ätzzeit bei einer Temperatur von 70°C in einer 5N NaOH-Lösung.

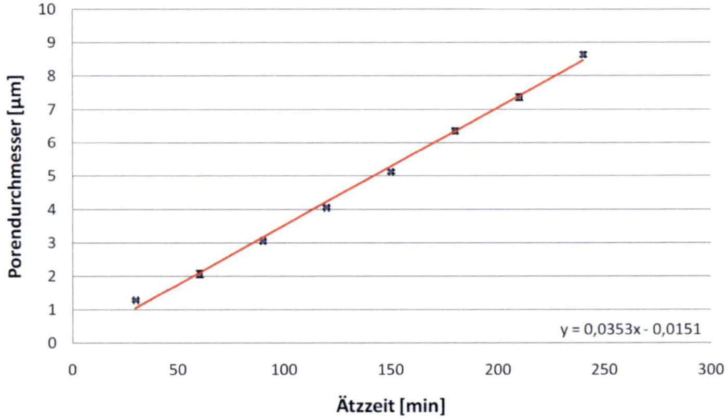

Abbildung 4.27: Lineare Abhängigkeit des Porendurchmessers in der PC-Folie von der Ätzzeit.

Mit Hilfe der gezeigten Methode zum Thermoformen bereits poröser PC-Folien im Verbund mit einer dünnen Silikonmembran war es möglich die bis dato nur einzeln durchführbaren SMART-Module zur Bulk- und Oberflächenmodifizierung zu kombinieren. Um den Einfluss der Ätzlösung auf die Funktionalisierung zu vermeiden, wurde das Polymer in einem ersten Schritt direkt geätzt, und alle weiteren Prozesse der SMART-Technologie wurden, wie es schon in Abbildung 4.25 beschrieben ist, durchgeführt.

Anhand des Beispiels einer kontrollierten Zelladhäsion durch eine UV-Strukturierung polymerer Oberflächen, die vor einigen Jahren von unserer Arbeitsgruppe gezeigt werden konnte [12, 101], wurde in der hier vorliegenden Arbeit die

Möglichkeit einer kombinierten Methode aufgezeigt. Im Rahmen dieser Funktionalisierung mittels UV-Bestrahlung wurde durch eine Reihe chemischer Veränderungen in der Polymerstruktur, bei denen u.a. Carboxygruppen erzeugt wurden, die zuvor hydrophoben Oberflächen hydrophilisiert. Diese Tatsache führte dazu, dass die Folien auf den bestrahlten Bereichen ein verändertes Proteinadhäsionsverhalten und dadurch ein erhöhtes Adhäsionspotential für die Zellen aufwiesen.

In einem Kontrollversuch, bei dem die vorherigen Ergebnisse auf flachen Substraten zunächst einmal reproduziert werden sollten, wurde eine sterile zellabweisende Bakterienpetrischale aus Polystyrol (PS) (Greiner Labortechnik GmbH, Deutschland, Ø: 6 cm) für 45 min mittels einer Niederdruck-Quecksilberdampflampe (Heraeus Noblelight GmbH Deutschland, 170 $\mu W \cdot cm^{-2}$) mit einer wirksamen Wellenlänge von 185 nm bestrahlt. Um eine strukturierte Modifikation auf der Oberfläche zu erreichen, wurde während der Bestrahlung eine Quarz-Chrom-Maske mit einem Wellenlinienmuster verwendet (Linienbreite: 25 µm, Abstand: 100 µm). Direkt im Anschluss wurde der Einfluss der Modifikation auf das Adhäsionsverhalten von L929 Fibroblasten untersucht. Dazu wurden 500 000 Zellen in 3 ml Medium + 1% Pluronic F-68 (Sigma) für 2 Tage in dieser Petrischale kultiviert. Zum Veranschaulichen des Ergebnisses wurde die Probe für 10 min mit Kristallviolett angefärbt bevor sie mit Hilfe eines Lichtmikroskopes analysiert wurde. Abbildung 4.28 zeigt das Resultat.

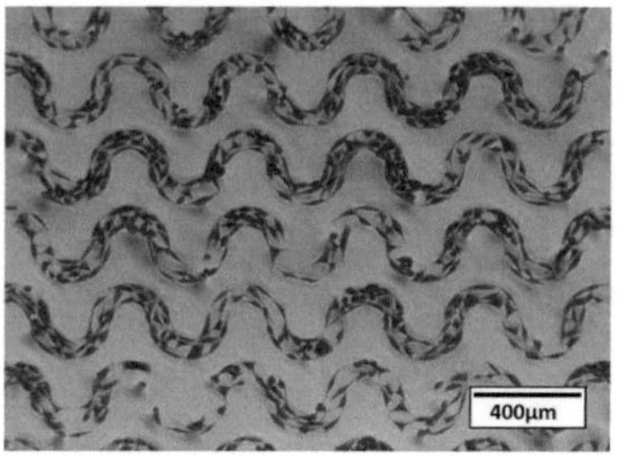

Abbildung 4.28: Mit Kristallviolett angefärbte L929 Fibroblasten auf einer mittels UV-Licht modifizierten zuvor zellabweisenden PS Oberfläche. Nur in den bestrahlten Bereichen ist eine Zelladhäsion zu erkennen. Die Zwischenräume sind weiterhin zellabweisend.

Die durch die UV-Bestrahlung modifizierten Bereiche in Form eines Wellenlinienmusters sind deutlich anhand der Zelladhäsion zu erkennen. Lediglich auf den bestrahlten Bereichen der Polystyrol Oberfläche adhärierten die L929 Zellen. Die Zwischenräume der Struktur waren dagegen als unbehandelte PS Oberfläche zellabweisend.

Die auf diese Weise auf flachen Substraten reproduzierten Ergebnisse wurden in einem nächsten Schritt mit dem Mikrothermoformen kombiniert. In diesem Fall wurde zunächst mit ungeätzten und somit nicht porösen PC-Folien gearbeitet, um das prinzipielle Funktionieren der Methode zum einen auf Polycarbonatfolien und zum anderen auch in Kombination mit einer dreidimensionalen Verstreckung zu veranschaulichen. Dazu wurden, in Anlehnung an die oben beschrieben Methode, die zuvor flachen Folien in einem „pre-process" unter Verwendung der Maske mit dem Wellenlinienmuster mit UV-Licht bestrahlt. Anschließend wurden diese in eine Form aus 25 x 25 runden Kavitäten bei 157°C und 2,8 MPa thermogeformt, bevor L929 Zellen auf dem Substrat kultiviert wurden. Die Folien wurden auf eine geeignete Größe gestanzt und mit Hilfe von Silikonringen in einer 6-Well Platte befestigt. Etwa 50 000 Zellen wurden in 300 µl Medium auf die thermogeformte Struktur gegeben und nach einer Absetzzeit von etwa 2 h auf 3 ml aufgefüllt und mit 1% Pluronic versetzt.

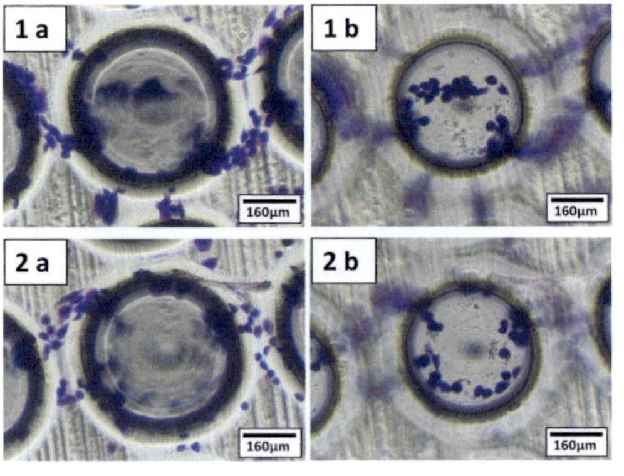

Abbildung 4.29: Mit Kristallviolett angefärbte L929 Zellen auf UV-modifizierter und thermogeformter PC-Folie. In beiden etwa 180 µm tiefen Strukturen (1 und 2) ist der Verlauf des Wellenmusters vom Steg (a) bis auf den Boden der Vertiefung (b) zu erkennen.

Nach einer Kultivierungsdauer von 2 Tagen wurden die Zellen für 10 min mit Kristallviolett angefärbt und das Ergebnis im Lichtmikroskop untersucht. In Abbildung 4.29 ist das Resultat dargestellt.

Es wird deutlich, dass eine UV-Modifikation auch auf der hier angewendeten PC-Folie und zusätzlich in Kombination mit dem Mikrothermoformen durchführbar ist. Durch Betrachten der verschiedenen Fokusebenen (Steg: a, Boden: b) der beiden abgebildeten etwa 180 µm tiefen Strukturen (1 und 2) ist zu erkennen, dass auch hier die Adhäsion der Zellen von der Bestrahlung beeinflusst wird. Das Wellenlinienmuster, welches von den Stegen in die einzelnen Vertiefungen verläuft wird deutlich nachgebildet, wohingegen nur eine sehr geringe Zelladhäsion auf unbestrahlten Folienbereichen zu erkennen ist.

In einem finalen Schritt wurde die soeben beschriebene Methode mit bereits porösen Folien durchgeführt. Zuvor geätzte belgische PC-Folien wurden auf die schon oben beschriebene Art modifiziert und mit Zellen angeimpft. Das Ergebnis lichtmikroskopischer Aufnahmen nach einer 10-minütigen Kristallviolettfärbung der Zellen ist in Abbildung 4.30 dargestellt.

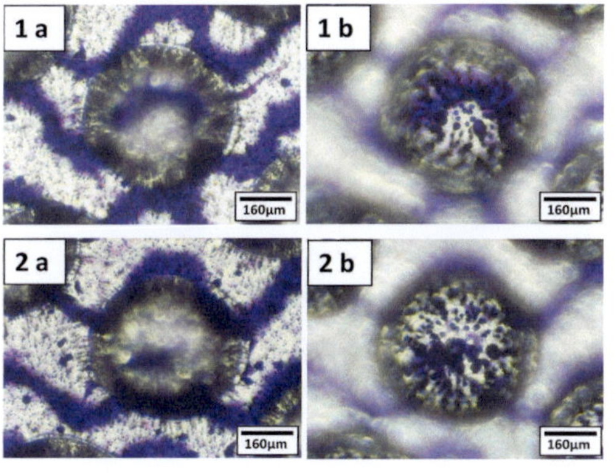

Abbildung 4.30: Mit Kristallviolett angefärbte L929 Zellen auf poröser, UV-modifizierter und thermogeformter PC-Folie. Beide etwa 180 µm tiefe Strukturen (1 und 2) zeigen den Verlauf des Wellenmusters von den Stegen (a) bis auf den Boden der Vertiefungen (b).

Die Möglichkeit einer Kombination von Porosität und UV-Modifikation in thermogeformten Strukturen wird an den gezeigten Resultaten deutlich. Beide Beispiele (1 und 2) zeigen, dass auch in diesem Fall die Adhäsion der Fibroblasten nur auf dem bestrahlten Wellenmuster stattfindet. Die in der Fokusebene der Stege (a) verlaufenden Linien werden am Boden der etwa 180 µm tiefen Strukturen (b) weitergeführt. Die unbestrahlten Zwischenräume weisen hingegen nur einige wenige Zellen auf und sind somit weiterhin zellabweisend.

Im Vergleich zum vorhergehenden Ergebnis in nicht-porösen Strukturen war die Kristallviolettfärbung der Zellen in diesem Versuch nicht optimal. Durch das Ätzen der Folie konnte sich die Färbelösung in den einzelnen Poren sammeln und ließ sich im anschließenden Waschprozess mit Wasser nicht vollständig entfernen. Da die Poren der gesamten Folie daher eine leichte Blaufärbung aufwiesen, war keine klare Kontur der einzelnen Zellen zu erkennen sondern lediglich der wellenlinienartige Bereich, in dem die Zellen adhärierten. Durch einen längeren Waschprozess oder ein weiteres Spülen mit 70%igem 2-Propanol kann dieser Effekt möglicherweise beseitigt werden.

Anhand des Beispiels einer Oberflächenmodifikation durch UV-Bestrahlung konnte gezeigt werden, dass auf Basis der neu entwickelten Technologie des „Doppel-membranFormens“ eine Kombination von SMART-Modulen mit der Porosität des KITChips realisierbar ist. Aufbauend auf diese Resultate ist es das Ziel weiterführender Arbeiten auch andere SMART-Module, wie z.B. Topographien mit einer Bulkmodifizierung zu kombinieren.

Desweiteren können die hier gezeigten UV-modifizierten Strukturen in verschiedenen Forschungsbereichen Anwendung finden [101]. Eine Möglichkeit stellt die Erzeugung definierter Ko-Kulturen, die Zielsetzung verschiedener Arbeitsgruppen ist [27, 105, 106], dar. Durch das selektive Adhärieren der Zellen auf den zuvor UV-bestrahlten Bereichen ist es möglich zunächst einen ersten Zelltyp strukturiert auf der Oberfläche anzubinden, um in einem darauffolgenden Schritt einen zweiten, für die Ko-Kultur geeigneten, Zelltyp in den Zwischenräumen zu adhärieren.

5 Zellkulturträger mit Form und Größen variabler Kavitäten

5.1 Motivation

In den vorausgehenden Kapiteln wurden oberflächenbezogene Funktionalisierungen in Kombination mit einer räumlichen Strukturierung von polymeren Materialien beschrieben und ihre Auswirkungen auf das Verhalten verschiedener Zelllinien untersucht. Neben dem Einfluss verschiedener Oberflächenstrukturierungen konnte vor einigen Jahren von Chen et al. gezeigt werden, dass auch eine einfache geometrische Kontrolle des Zellwachstums mittels verschiedener Adhäsionsmuster auf ebenen Substraten die Lebensfähigkeit von Zellen nachhaltig beeinflusst [28]. Um auch diesen entscheidenden Faktor der Formgebung anhand von Zellaggregaten, und somit in Kombination mit einer dreidimensionalen Kultivierung von Zellen, untersuchen zu können, wurde im Rahmen dieser Forschungsarbeit eine neue Methode zur Herstellung von Zellkulturträgern mit Form und Größen variabler Kavitäten entwickelt, die im Folgenden dargestellt wird.

5.2 SU-8 Formwerkzeuge

Da aufbauend auf die ersten von Chen et al. gezeigten Ergebnisse auch verschiedene andere Forschungsgruppen im Laufe der letzten Jahre einen signifikanten Einfluss der geometrischen Form auf das Verhalten von Zellen zeigen konnten [107, 108], ist es im Rahmen des Tissue Engineerings und der Stammzellforschung ein weiterführendes Ziel, diesen Einfluss auch in Kombination mit einer dreidimensionalen Zellkultur zu untersuchen. Bereits bestehende Methoden, die eine Rekonstruktion einer definierten dreidimensionalen Mikroumgebung unter Berücksichtigung geometrischer Faktoren ermöglichen, basieren auf mikrostrukturierten Trägerstrukturen aus PDMS [88, 109, 110]. Mittels Standard Photolithographie werden mikrostrukturierte Silizium Masterstrukturen hergestellt, die in einem nachfolgenden Prozess mit PDMS abgegossen werden. Die dadurch entstehenden Silikonstrukturen weisen Mikrokavitäten auf, die in anschließenden Zellkulturexperimenten je nach Größe zum einen als Einzelzellkavitäten dienen können, aber auch eine dreidimensionale Kultivierung von

Zellen ermöglichen. Aufgrund erster aussagekräftiger Ergebnisse auf Basis dieser wissenschaftlichen Plattformen, war es das Ziel dieser Arbeit, eine neue Herstellungsmethode der Trägerstrukturen zu entwickeln, die zum einen die Produktion der Strukturen im größeren Maßstab und somit z.B. die Nutzung innerhalb automatisierter Screeningprozesse ermöglicht und zum anderen das Potential zur Integration weiterer Oberflächenfunktionalisierungen aufweist. Um diese Voraussetzungen zu erfüllen, stellte das Mikrothermoformen mit der darauf aufbauenden SMARTTechnologie einen geeigneten Ausgangspunkt dar.

Um die Herstellung polymerer Zellkulturträger mit in Form und Größe variierender Kavitäten mittels der Technologie des Mikrothermoformens zu ermöglichen, war es zunächst notwendig neue Werkzeuge für den Formprozess zu entwickeln. In der bisherigen Herstellungsweise über einen mikromechanischen Fräsprozess waren Formgebung sowie die Größe der Strukturen in der Messingplatte durch die Abmessung des Fräswerkzeuges begrenzt. Um diese Einschränkung zu umgehen und Strukturen in verschiedenen Formen und Größen bis hin zu Einzelzellkavitäten zu ermöglichen, wurde ein neuer Herstellungsprozess, basierend auf der Standard UV-Lithographie in SU-8 Resist, entwickelt. Wie schon zu Beginn dieser Arbeit beschrieben, bietet dieses in vielen Technologien genutzte und daher gut charakterisierte Verfahren der Lithographie die Möglichkeit zur Erzeugung von Mikro und Nano Strukturen mit hohen Aspektverhältnissen [111, 112] und daher die Herstellung komplexer Werkzeugstrukturen. Abbildung 5.1 zeigt die vollständige Prozessabfolge von der Konstruktion des Werkzeuges über den Thermoformvorgang bis hin zum dreidimensional geformten polymeren Zellkulturträger.

Die Basis des neuen Werkzeuges war durch eine massive Messingplatte (Ø: 11,6 cm, h: 7 mm) gegeben, die als Normplatte in die Thermoformanlage eingebaut werden konnte. Um störende Reflexionen während der UV-Bestrahlung aufgrund des glänzenden Materials zu vermeiden, wurde die Oberfläche der Platte in einem ersten Schritt geschwärzt (A-B). Mit Hilfe einer chemischen Lösung aus 750 ml/l Ammoniumhydroxid (25%), 250 ml/l deionisiertem H_2O und 90 g/l Kupfer(II)-Carbonat (basisch, $CuCO_3{*}Cu(OH)_2$) trat nach einigen Minuten (2-5 min) eine Redoxreaktion auf, bei der das Zink im Material durch schwarzes Kupferoxid ersetzt wurde ohne die Oberflächenrauigkeit erheblich zu beeinflussen ($\Delta R_a = 0{,}01$ µm) [113]. Abbildung 5.2 zeigt das Ergebnis einer solchen Reaktion bei dem die Messinggrundplatte eine gleichmäßige Schwarzfärbung an der Oberfläche aufweist.

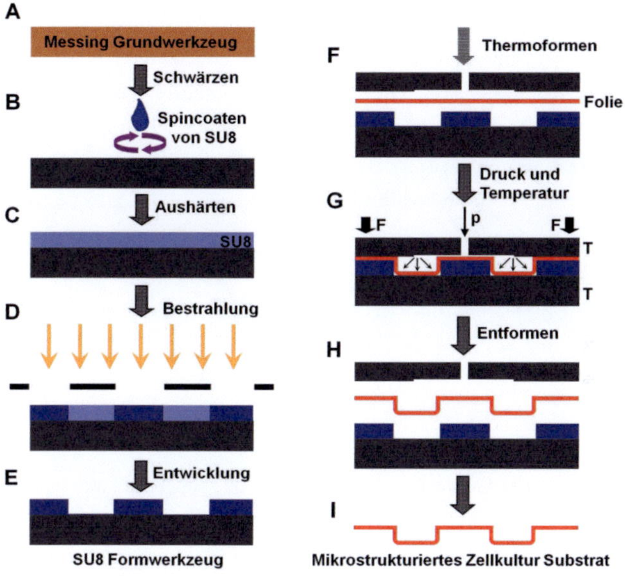

Abbildung 5.1: Herstellung und Anwendung eines SU-8 Formwerkzeuges. Bei der auf Standard UV-Lithographie basierenden Prozessabfolge wurde zunächst eine geschwärzte Messingplatte mit SU-8 beschichtet (A-C), durch eine Maske mit UV-Licht bestrahlt (D) und in einem anschließenden Entwicklungsschritt strukturiert (E). Im weiteren Verlauf wurde dieses Werkzeug für das Thermoformen verwendet (F-I).

Abbildung 5.2: Messinggrundwerkzeug mit gleichmäßig geschwärzter Oberfläche. Zum Größenvergleich ist eine 1 Eurocent Münze abgebildet.

Im weiteren Verlauf wurde SU-8 100, ein negativer Epoxy-basierter Photoresist (MicroChem Corp.), für 40 s mit einer Umdrehungszahl von 2370 rpm auf die Oberfläche aufgeschleudert (B). Die daraus resultierende etwa 100 µm dicke SU-8 Schicht wurde in einem anschließenden „Soft Bake Prozess" für 4 h bei 90°C ausgeheizt, so dass das im Material enthaltene Lösungsmittel teilweise evaporieren konnte, und somit die Viskosität verringert wurde (C). Zur anschließenden Strukturierung des Resists wurde ein Standard UV-lithographischer Prozess angewendet, bei dem das Werkzeug mit einer UV Hochdruck-Quecksilberdampflampe mit eingebautem Filter mit einer Wellenlänge von 365 nm und einer Energie von 1500 $mJ \cdot cm^{-2}$ durch eine Quarz-Chrom-Maske bestrahlt wurde (MA6, Suss Microtec) (D). Durch die Einwirkung der UV-Strahlung wird eine geringe Menge einer starken Lewis-Säure im Material erzeugt, die als Katalysator des Vernetzungsprozesses dient. In einem darauffolgendem 'Post Bake Prozess' für wiederum 4 h bei 90°C wurde der Vernetzungsprozess aktiviert, der Säure-Katalysator regeneriert, und das restliche Lösungsmittel verdampft [114]. Zum endgültigen Herauslösen der nicht-bestrahlten und somit unvernetzten Bereiche, wurde das beschichtete Werkzeug für 2,5 h bei Raumtemperatur in dem Lösungsmittel PGMEA (Propylenglycolmonomethylethylacetat, Shipley) eingelegt (E).

Um den Einfluss verschiedener Formgebung auf das Verhalten von Zellen untersuchen zu können, wurden im aktuellen Herstellungsverfahren vier verschiedene Hellfeldmasken mit einer Anordnung von je 15 x 15 Kreisen, gleichseitigen Dreiecken, Quadraten und Hexagons verwendet. Mit dem Ausblick die Strukturen nach einer ersten Charakterisierung auch im Rahmen der Stammzellforschung zu verwenden, spielt vor allem das Volumen der einzelnen Kavitäten eine entscheidende Rolle, denn die Größe von „embryoid bodies" scheint einen maßgeblichen Einfluss auf die Differenzierung von Stammzellen zu haben [109]. Um den Einfluss verschiedener Geometrien auf volumenmäßig gleich große Zellaggregate zu untersuchen, wurden daher vier verschiedene Formen mit einem nahezu gleichen Volumen, welche sich in unterschiedlichen Innenkreisdurchmessern von 100 µm (Kreis), 77,8 µm (Dreieck), 88,6 µm (Quadrat) und 95,2 µm (Hexagon) wiederspiegelt, hergestellt. Abbildung 5.3 zeigt rasterelektronenmikroskopische Aufnahmen der photolithographisch gefertigten SU-8 Werkzeuge (Zeiss, Supra 60VP).

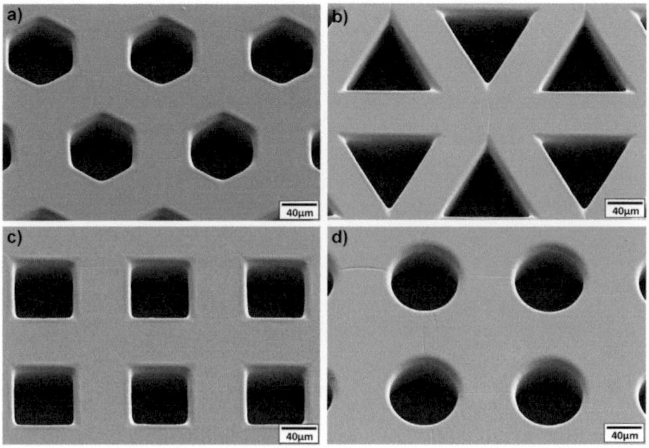

Abbildung 5.3: Rasterelektronenmikroskopische Aufnahmen der vier verschiedenen Strukturen (Hexagon (a), Dreieck (b), Quadrat (c) und Kreis (d)) der SU-8 Formwerkzeuge.

Wie anhand der oben dargestellten Bilder zu sehen ist, findet die gut etablierte Methode der UV-Lithographie in SU-8 auch in der hier beschriebenen Technologie eine geeignete Anwendung. Nicht nur die Eigenschaften einer konturgetreuen Wiedergabe der Maskenstruktur und nahezu senkrechte Seitenwänden bis auf den etwa 100 µm tiefen Boden der Struktur führen zu einer passenden Voraussetzung. Auch die sehr geringe Oberflächenrauigkeit des SU-8 und die dadurch mögliche gute Oberflächenqualität der Folie, die vor allem für mikroskopische Anwendungen wichtig ist, stellt einen geeigneten Faktor dar. Neben der Herstellung scharfer Kanten und Ecken ist es auch möglich definierte kegelförmige und abgerundete Strukturen, die ebenfalls das Entformen der Materialien erleichtern, zu erzeugen [36, 115].

Um die Strukturen des Werkzeuges während des Formprozesses (Abbildung 5.1: F-I) auf die Polymerfolie zu übertragen, wurde mit einer 25 µm dicken PLA-Folie gearbeitet. Mit einer Formtemperatur von 60°C und einem Druck von etwa 3 MPa wurden die Folien in die Werkzeuge eingeformt. Die resultierenden polymeren Strukturen sind in Abbildung 5.4 als REM-Aufnahme und in Abbildung 5.5 als Höhenprofil zu sehen.

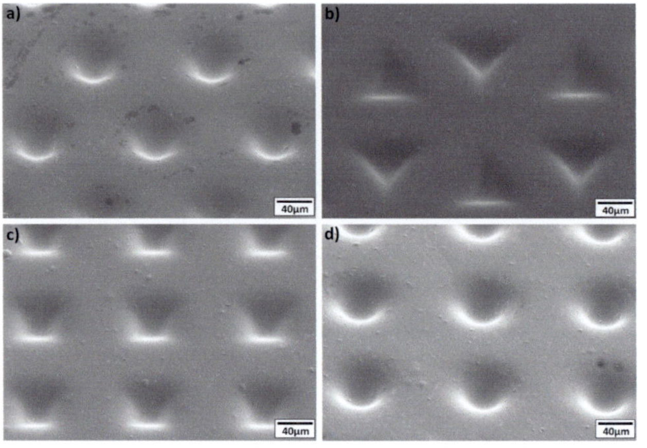

Abbildung 5.4: Rasterelektronenmikroskopische Aufnahmen der thermogeformten Hexagon- (a), Dreieck- (b), Quadrat- (c) und Kreisstrukturen (d) in PLA.

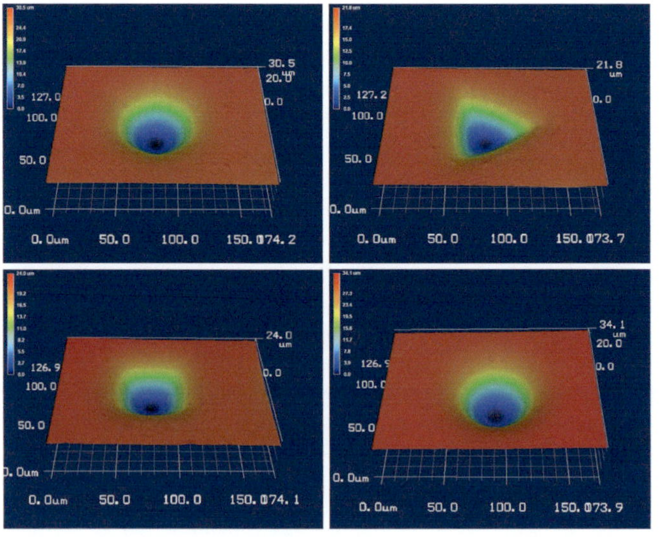

Abbildung 5.5: LSM-Höhenprofilaufnahmen der vier verschiedenen thermogeformten PLA-Strukturen (a-d).

Sowohl die REM-Abbildungen als auch die Höhenprofile zeigen, dass ein Mikrothermoformen auch mit Hilfe der neu entwickelten Werkzeuge möglich ist. Alle vier unterschiedlichen Strukturen konnten auf die PLA-Folie übertragen werden und zeigten Vertiefungen in Form des jeweiligen Musters. Die Tiefe der polymeren Strukturen variierte leicht mit der Form und ist in Tabelle. 5.1 angegeben.

Tabelle 5.1: Einformtiefe der PLA-Folie bei gleichen Formparametern in Abhängigkeit der Werkzeugstruktur.

Form	Kreis	Hexagon	Quadrat	Dreieck
Einformtiefe [µm]	31,1 ± 0,2	28,9 ± 0,5	21,9 ± 0,6	20,9 ± 0,3

Es ist zu erkennen, dass die Einformtiefe der einzelnen Strukturen mit steigendem Innenwinkel von 60° beim Dreieck über 90° beim Quadrat und 120° beim Hexagon bis hin zur Kreisstruktur zunimmt. Anhand dieses Ergebnisses wird deutlich, dass die Formgebung des Werkzeuges Einfluss auf die geformten Polymerstrukturen nehmen konnte. Bei sehr kleinen Winkeln war die Länge zwischen den Auflagepunkten der Folie auf dem Werkzeug und somit die eingespannte Länge bei gleichem Abstand zum Scheitelpunkt geringer als bei großen Winkeln. Durch Beaufschlagen des gleichen Drucks und folglich der gleichen Druckspannung auf die verschieden eingespannten Folien, formten diese sich bei größeren Winkeln tiefer ein, als bei Kleineren. Aufgrund dieses Effektes wurde auch die maximale Einformtiefe der Folie in den unterschiedlichen Formen beeinflusst, so dass sie beim Dreieck den geringsten und beim Kreis den höchsten Wert aufwies. Desweiteren spielt auch die Gesamtdicke der Folie im Verhältnis zur Formstruktur eine wichtige Rolle. Solange die zweifache Dicke der Folie die Dimensionen der Werkzeugstruktur nicht überschreitet, ist es mit der hier beschriebenen Methode, des Formens im entropieelastischen Zustand mittels Gasdruck, zwar möglich die Folie einzuformen, jedoch kann die Struktur nur dann ausreichend gut abgebildet werden, wenn sich die Werte nicht zu stark annähern. Im Vergleich zu den oben gezeigten geringen Einformtiefen, bei denen sich die Werte der doppelten Foliendicke sehr stark den Innenkreisdurchmessern der Strukturen annäherten, kann z.B. eine 50 µm dicke Folie ohne Probleme bis auf den Boden einer runden, 300 µm tiefen Aussparung mit einem Durchmesser von 300 µm eingeformt werden.

Für eine weiterführende Charakterisierung der thermogeformten Strukturen wurde der Krümmungsradius der einzelnen Kanten im Dreieck, Viereck und Hexagon graphisch anhand von höhenkodierten Bildern ermittelt. Mit Hilfe einer zweidimensionalen Ansicht der LSM Höhenprofilaufnahmen aus Abbildung 5.5 war es möglich in verschiedenen Höhen der Struktur optisch eine Kreisfunktion an die verrundeten Kanten anzupassen und über die Flächenangabe des Kreises den Radius und somit den Krümmungsradius der Kanten zu bestimmen. Abbildung 5.6 verdeutlicht zum einen die Methode und gibt zum anderen die Ergebnisse der drei eckigen Strukturen an.

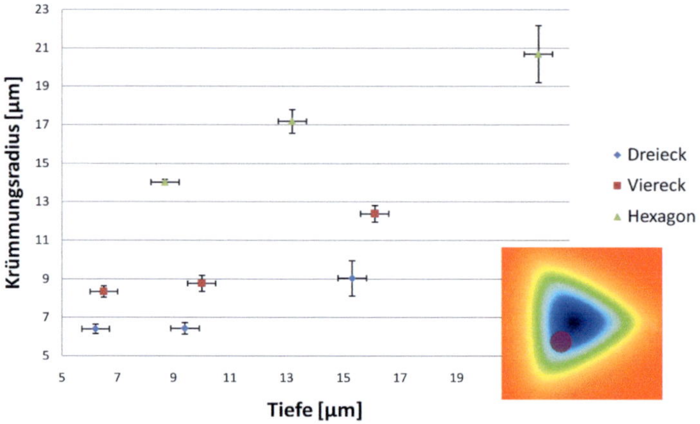

Abbildung 5.6: Durch graphisches Anpassen einer Kreisfunktion (violetter Kreis) an die einzelnen Ecken der geformten Strukturen (kleines Bild unten rechts) wurden die Krümmungsradien der drei-, viereckigen und hexagonalen Strukturen in Abhängigkeit der Tiefe bestimmt. Im Diagramm entspricht eine Tiefe von 0 µm dem Boden der Kavität.

In der Graphik sind die Mittelwerte der Krümmungsradien für die Winkel der dreieckigen, viereckigen und hexagonalen Struktur für jeweils drei verschiedene Tiefen aufgetragen. Es ist zu beachten, dass eine Tiefe von 0 µm den Boden der Kavität (dunkelblauer Bereich im Höhenprofil) darstellt. Es wird deutlich, dass die

Verrundungen der Winkel in den jeweiligen Strukturen von der Oberseite der Folie (orangener Bereich) bis hin zum Boden abnimmt, wobei die Werte in der unteren Hälfte der Kavität (0-10 µm) nur noch sehr leicht abnehmen und eher einen konstanten Wert repräsentieren.

Im Allgemeinen ist zu beobachten, dass die Krümmungsradien in allen Strukturen trotz sehr hoher Foliendicke und daraus resultierender geringer Einformung mit Werten bis zu 9 µm beim Dreieck, 13 µm beim Viereck und 21 µm beim Hexagon sehr gering sind. Da sie damit im Bereich der Abmessung einer einzelnen Zelle liegen, stellen sie sehr wahrscheinlich wirksame, das Zellverhalten beeinflussende, geometrische Faktoren dar. Desweiteren ist zu erkennen, dass eine Abbildung der zum Teil spitzwinkligen Werkzeugkonturen somit auch in diesem Maßstab und auch im Rahmen kleiner Einformtiefen zu erreichen ist. Eine mögliche Erklärung für die zum oberen Rand größer werdenden Radien liegt im Verhältnis Foliendicke zur allgemeinen Formgröße. Aufgrund der geringen Einformtiefe ist es wahrscheinlich, dass die Folienstärke am oberen Rand noch sehr groß ist und dadurch die darunterliegenden Konturen der Werkzeugstruktur nur ansatzweise abgebildet werden können. Möglicherweise wird die Folie jedoch im unteren Bereich aufgrund der Verstreckung dünner, so dass sich die verschiedenen Winkel dort detailreicher abzeichnen.

Mit Hilfe dieser auf einer graphischen Auswertung basierenden Methode ist es möglich eine allgemeine Aussage über das Verhalten der Krümmungsradien innerhalb dieser Strukturen zu machen. Es ist jedoch zu beachten, dass eine solche Ausarbeitung verschiedene Fehlerquellen beinhaltet, die zwar nicht den Trendverlauf, jedoch die absoluten Werte beeinflussen können. Um eine genauere Aussage der einzelnen Werte zu machen, wäre es sinnvoll die mit dem LSM erzeugten Höhenprofilbilder mit Hilfe einer Auswertesoftware zu analysieren und durch exaktes Fitten der Krümmungen mittels einer Kreisfunktion die Radien zu bestimmen.

Nach der Herstellung und rein technischer Charakterisierung der thermogeformten Strukturen wurden diese auf ihre Funktionalität innerhalb der Zellbiologie getestet. Wie schon zu Beginn dieses Kapitels erläutert, war es das Ziel mit diesen Strukturen den Einfluss von Formgebung und Geometrie auf das Verhalten von Zellen zu untersuchen. Dazu wurden in ersten Zellkulturversuchen HeLa Zellen in den Arrays kultiviert. Die 15 x 15 Kavitäten wurden dazu zunächst mit je 10 000 Zellen in 50 µl Medium angeimpft und, um zunächst das Absetzen der Zellen zu ermöglichen. Erst nach 2 ½ h wurde das Medium auf 500 µl aufgefüllt. Für die anschließende Analyse wurde nach 3 Tagen eine Immunfluoreszenzfärbung durchgeführt, durch die die Actinfilamente der Zellen mit Alexa Fluor 488-Phalloidin grün und die Kerne mit DAPI blau angefärbt wurden. Abbildung 5.7 zeigt das Ergebnis einer solchen Färbung.

Aufgrund der sehr guten Transparenz der PLA-Folie ist die Darstellung der Ergebnisse mittels eines konfokalen Laserscanning Mikroskopes (LSM, Leica, TCS SP5) sehr gut möglich. Es ist zu erkennen, dass die Folie in den beiden Anregungsbereichen mit Maxima bei 499 nm für Alexa Fluor 488 und 359 nm für DAPI keine starke Eigenfluoreszenz aufweist und daher für diese Art von Analyse geeignet ist. Desweiteren ist in diesem ersten Zellkulturversuch festzustellen, dass die Mehrzahl der Zellen unabhängig vom Design der Kavität dreidimensional in den Ecken zwischen Boden und Seitenwänden der Wells adhärieren und sich die Morphologie in den meisten Fällen an die unterschiedliche Krümmung der Strukturen anpasst.

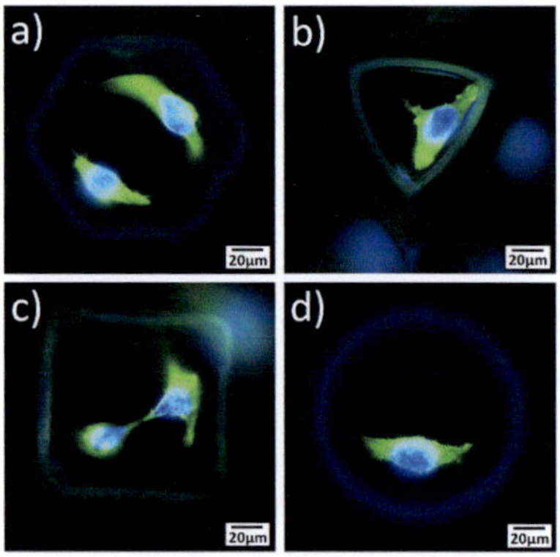

Abbildung 5.7: HeLa Zellen in thermogeformten PLA-Folien (Hexagon (a), Dreieck (b), Quadrat (c) und Kreis (d)). Durch eine Immunfluoreszenzfärbung wurden die Actinfilamente der Zellen mit Alexa 488 Phalloidin in grün und die Kerne mit DAPI in blau gefärbt.

Neben der Analyse zur Auswirkung geometrischer Faktoren auf kleine Zellaggregate, die z.B. Anwendung als „building blocks“ im Tissue Engineering finden [116], ist es in weiterführenden Arbeiten das Ziel mit Hilfe dieser Technologie Strukturen bis hin zu Einzelzellkavitäten zu entwickeln. Diese spielen in der heutigen Forschung eine immer größer werdende Rolle [88]. Bisher werden verschieden geformte Vertiefungen in der Größe eines einzelnen Zellkörpers vorwiegend in Silikon hergestellt und das unterschiedliche Verhalten der Zellen aufgrund der verschiedenen Formen untersucht. Durch die hier beschriebene Technik ist es möglich solche Strukturen auch im Rahmen des Mikrothermoformprozesses herzustellen und auf Basis der SMART-Technologie die Kombination mit weiteren Faktoren zu ermöglichen. In diesem Zusammenhang ist es z.B. denkbar lokal angebundene biochemische Faktoren in die Kavitäten zu integrieren und dadurch möglicherweise die Polarität einer Zelle auf einem Ein-Zell-Niveau zu beeinflussen.

6 Resümee

Auf Basis des am KIT entwickelten Verfahrens des Mikrothermoformens und der darauf aufbauenden SMART-Technologie wurden im Verlauf dieser Arbeit neuartige, funktionalisierte und mikrostrukturierte Trägerstrukturen für die dreidimensionale Zellkultur hergestellt. Neben der Entwicklung einzelner neuer SMART-Module, durch die Topographien sowie auch definierte, immobilisierte bioaktive Faktoren innerhalb der Kavitäten des KITChips realisiert wurden, konnte anhand eines Beispiels auch die Möglichkeit zur Kombination einzelner Module innerhalb einer Struktur gezeigt werden. Auch die Entwicklung eines neuen in Form und Größe variablen Werkzeuges trägt zum Ergebnis der Arbeit bei.

Das Potential zur Erzeugung verschiedener topographischer Muster auf thermogeformten Polymerfolien und somit auf stark gekrümmten Oberflächen wurde im Verlauf dieser Arbeit mit Hilfe unterschiedlicher lithographischer Verfahren gezeigt. Neben einzelnen Prototypen, die mittels Röntgen- und auch Ionenstrahllithographie hergestellt wurden, konnten verschiedene Charakteristiken anhand DUV-lithographischer Strukturen analysiert werden. Durch die Veränderungen in der molekularen Struktur des Polymers aufgrund der Bestrahlung, wurde der Glasübergangsbereich zu niedrigeren Temperaturen hin verschoben. Dieses wirkte sich wiederum auf das Verhältnis der Einformtiefe zu der aufgebrachten Formtemperatur innerhalb des Mikrothermoformens aus. Desweiteren wurden erste Zellkulturexperimente auf DUV-strukturierten PMMA-Folien durchgeführt, um einen Eindruck des Einflusses von Topographien auf das Verhalten von Zellen zu bekommen. Sowohl auf einem quadratischen Muster mit 8 x 8 μm^2 großen Strukturen mit 2 µm Abstand als auch auf einer konzentrischen Kreisstruktur mit 5 µm breiten Erhöhungen und ebenfalls 2 µm Abstand richteten sich die Zellen anhand der Topographie aus. Um in Zukunft einen solchen Einfluss noch mit einer Matrixelastizität des Untergrundes kombinieren zu können, wurden die topographisch funktionalisierten Folien in einem weiteren Schritt mit Silikon abgegossen und das Polymer im Anschluss abgelöst. Diese Methode bietet das Potential durch verschiedene Mischungsverhältnisse des Silikons den Härtegrad des Untergrundes einzustellen.

Nach ersten positiven und auch vielversprechenden Ergebnissen mit Hilfe dieser Strukturen ist es das Ziel weiterführender Arbeiten, im Vergleich zu einer Monolayer Zellkultur die Reaktion dreidimensionaler Zellaggregate auf die Oberflächentopographien zu untersuchen und die Frage einer Signalweitergabe bis in das Innere des Zellaggregats zu klären. Desweiteren kann durch ein doppeltes Umkopieren der Strukturen mittels Silikon eine elastische, mit den gleichen Topographien ausgestattete Trägerstruktur erstellt werden, die ebenfalls in der Zellkultur mit Hinblick auf den Einfluss auf das Zellverhalten getestet werden kann.

Ein weiteres im Rahmen dieser Arbeit neu entwickeltes SMART Modul beinhaltet zwei voneinander unabhängige Methoden, die eine definierte Immobilisierung bioaktiver Faktoren innerhalb des KITChips ermöglichen. Durch eine maskenbasierte UV-Bestrahlung und dadurch auftretende Vernetzungsreaktionen von Hyaluronsäurederivaten wurden zellabweisende Bereiche auf einer sonst zellattraktiven PLA Oberfläche erzeugt. Durch eine Anwendung dieser Strukturen innerhalb der Zellkultur mit HepG2 sowie L929 Zellen konnte gezeigt werden, dass neben einer einfachen Beschichtung der Stege, durch die eine Mischkultur innerhalb des Chips verhindert werden konnte, auch eine strukturierte Zelladhäsion in der Kavität realisiert werden kann. Im Rahmen einer weiteren Methode wurde mittels der Technologie des µCPs das Aufbringen einer definierten Proteinschicht in einer thermogeformten Struktur gezeigt. Durch ein indirektes Druckverfahren, bei dem zunächst IgG auf die Oberfläche gebracht wurde, konnte Fraktalkin, ein von Endothelzellen *in vivo* im Bereich von Entzündungen exprimiertes transmembranes Chemokin, in Form einer Gradientenstruktur innerhalb eines offenen sowie auch eines geschlossenen mikrofluidischen Kanals angebunden werden.

Durch eine Vielzahl verschiedener nutzbarer bioaktiver Faktoren sind mögliche Anwendungsgebiete der mit Hilfe dieser Methode hergestellten Strukturen sehr unterschiedlich. In beiden Fällen ist jedoch die Nutzung der Chips für die Erzeugung definierter Ko-Kulturen innerhalb einer dreidimensionalen Anordnung denkbar. Die mit Proteingradienten ausgestatteten Kanäle hingegen, können zusätzlich in einer speziellen biologischen Fragestellung Anwendung finden. Im Rahmen der zellbasierten Krebs Immuntherapie sollen durch Nachahmung der räumlichen Umgebung von Blutgefäßen, die von einem Patienten entnommenen Blutzellen in der Art aktiviert werden, dass sie nach der Injektion zurück in den menschlichen Körper als aktive Immunzellen bei der Bekämpfung von entsprechenden Tumorerkrankungen eine wesentliche Rolle spielen. In diesem Zusammenhang soll in einem ersten Schritt mit Hilfe von Primärzellen die durch einen Fraktalkingradienten ausgelöste Migration von Immunzellen *in vitro* rekonstruiert werden.

In einem weiteren Themenkomplex konnte neben der Entwicklung neuartiger SMART-Module zum ersten Mal auch die Kombination zweier bestehender Module gezeigt werden. Um eine ausreichende Nährstoffversorgung auch in funktionalisierten Chips zu garantieren, war es das Ziel die Porosität mit weiteren Modifikationen zu koppeln. Im Rahmen dieser Arbeit konnte eine solche Kombination am Beispiel einer UV-Strukturierung von Polycarbonat-Folie, durch die das Adhäsionspotential von Zellen auf der Oberfläche erhöht wird, gezeigt werden. Durch die Entwicklung des sogenannten ‚Doppelmembran-Formens', bei dem die Polymerfolie zusammen mit einer sehr dünnen Silikonmembran verstreckt wird, konnte dieses Ergebnis ermöglicht werden. Mit Hilfe erster Zellkulturexperimente mit L929 Zellen, wurde die Funktionalität der UV-Modifikation auch mit einer kombinierten Porosität der Kavitäten gezeigt. Sowohl auf den Stegen, als auch in den Kavitäten adhärierten die Zellen lediglich an den mit UV-Licht bestrahlten Bereichen.

Auf Basis dieses positiven Resultats ist es das Ziel fortführender Arbeiten weitere Funktionalitäten mit einer Bulkmodifikation zu kombinieren. Durch die dadurch entstehende Möglichkeit einer Perfusion der Chips ermöglicht eine solche Technologie die Durchführung weiterführender biologischer Test zum Einfluss von Funktionalisierungen auf das Zellverhalten im Rahmen von Bioreaktorversuchen.

Zur Erweiterung der auf Basis der SMART-Technologie herstellbaren Strukturen im Bereich Form und Größe der einzelnen Kavitäten wurde ein neues Konzept zur Herstellung von Werkzeugen für den Mikrothermoformprozess entwickelt. Durch das auf UV-Strukturierung von SU-8 Resist basierende Verfahren konnten neue Werkzeuge mit verschiedenen geometrischen Strukturen (Kreis, Dreieck, Viereck, Hexagon) hergestellt werden, deren Dimensionen mit einem Innenkreisdurchmesser von etwa 80-100 µm nicht durch gewöhnliche mikromechanische Fräsprozesse realisierbar sind. Erste erfolgreiche Formprozesse dieser auf Messing aufgebrachten SU-8 Strukturen mit einer 25 µm dicken PLA-Folie zeigten zum einen die Funktionsfähigkeit des neuen Werkzeuges und zum anderen die Möglichkeit der Abformung in der Form variierender Strukturen. Durch die im Verhältnis zu den Geometrieabmessungen hohe Foliendicke konnten Einformtiefen von 20-30 µm erreicht werden. Trotz dieser geringen Tiefe wurden sehr kleine Krümmungsradien der Strukturen ermittelt (Dreieck: 9 µm, Viereck: 13 µm, Hexagon: 21 µm), die die Möglichkeit einer Abbildung von teilweise spitzwinkligen Werkzeugkonturen auch in diesem Maßstab zeigten. Im Rahmen einer weiterführenden Charakterisierung wurden außerdem erste Zellkulturexperimente auf den Chips durchgeführt. In diesem Zusammenhang konnte festgestellt werden, dass die Mehrheit der Zellen in allen Kavitäten dreidimensional in den Ecken zwischen Boden und Seitenwänden der Wells adhärierte und sich die Morphologie in den meisten Fällen an die Form der Strukturen angepasst hat.

Aufbauend auf diese Ergebnisse sollen die Werkzeugstrukturen in weiterführenden Experimenten im Hinblick auf ihre Dimensionierung verkleinert werden, so dass mit Hilfe dieser Technologie Strukturen bis hin zu Einzelzellkavitäten hergestellt werden können. Desweiteren ist es möglich neben einfachen hier dargestellten Geometrien auch komplexere, variierende Muster auf einem Chip anzufertigen und im Rahmen von Screeningprozessen den Unterschied im zellulären Verhalten aufgrund der Form zu analysieren.

Mit denen im Rahmen dieser Dissertation durchgeführten Arbeiten wurden das Verfahren des Mikrothermoformens und die SMART-Technologie in vielen Bereichen erweitert, und sie ebnen daher den Weg für eine Anwendung der neuartigen Strukturen in neuen biologischen Fragestellungen. Neben einer Verwendung der Strukturen im Bereich der Grundlagenforschung rund um das Tissue Engineering und der Stammzellforschung, sind auch weitere Forschungsbereiche denkbar. Während topographische Strukturen Anwendung im Bereich der Optik (Linsen) finden oder für die Erzeugung hydrophober Oberflächen in mikrofluidischen Kanälen genutzt werden können, können definierte Proteinstrukturen auch im Rahmen von BioMEMS, wie z.B. für Biosensoren oder biochemisch katalysierte Prozesse zur Synthese oder Analyse, genutzt werden.

7 Literatur

1. Badylak, S.F. and R.M. Nerem, *Progress in tissue engineering and regenerative medicine.* Proceedings of the National Academy of Sciences of the United States of America, 2010. 107(8): pp. 3285-3286.
2. Langer, R. and J.P. Vacanti, *Tissue engineering.* Science, 1993. 260(5110): pp. 920-926.
3. Khademhosseini, A., J.P. Vacanti, and R. Langer, *Progress in tissue engineering.* Scientific American, 2009. 300(5): pp. 64-71.
4. Lanza, P.R., R. Langer, and J.P. Vacanti, *Principles of Tissue Engineering.* 2nd ed. 2000, San Diego: Academic Press, p. 995
5. Abbott, A., *Cell culture: Biology's new dimension.* Nature, 2003. 424(6951): pp. 870-872.
6. Petersen, O.W., et al., *Interaction with Basement-Membrane Serves to Rapidly Distinguish Growth and Differentiation Pattern of Normal and Malignant Human Breast Epithelial-Cells.* Proceedings of the National Academy of Sciences of the United States of America, 1992. 89(19): pp. 9064-9068.
7. Falconnet, D., et al., *Surface engineering approaches to micropattern surfaces for cell-based assays.* Biomaterials, 2006. 27(16): pp. 3044-3063.
8. Altmann, B., et al., *The three-dimensional cultivation of the carcinoma cell line HepG2 in a perfused chip system leads to a more differentiated phenotype of the cells compared to monolayer culture.* Biomedical Materials, 2008. 3(3): 034120.
9. Gottwald, E., et al., *A chip-based platform for the in vitro generation of tissues in three-dimensional organization.* Lab on a Chip, 2007. 7(6): p. 777-785.
10. Weibezahn, K.F., et al., *Substrat für Zellkulturen und Kultur von Zellen oder Zellaggregaten.* 1993, patent: WO/1993/007258.
11. Truckenmüller, R., *Herstellung von dreidimensionalen Mikrostrukturen aus Polymermembranen*. Diss., Universität Karlsruhe (TH), Forschungszentrum Karlsruhe, Germany, FZKA 6801, 2003, p. 90.

12. Giselbrecht, S., et al., *3D tissue culture substrates produced by microthermoforming of pre-processed polymer films.* Biomedical Microdevices, 2006. 8(3): pp. 191-199.

13. Menz, W., J. Mohr, and O. Paul, *Mikrosystemtechnik für Ingenieure.* 3rd ed. 2005, Weinheim: Wiley-VCH Verlag GmbH & Co, p. 590.

14. Ehrfeld, W., *Handbuch Mikrotechnik.* 2002, München: Fachbuchverlag Leipzig im Carl Hanser Verlag, p. 520.

15. Madou, M.J., *Fundamentals of microfabrication* 2nd ed. 2002, Boca Raton: CRC Press, p. 752.

16. Bashir, R., *BioMEMS: state-of-the-art in detection, opportunities and prospects.* Advanced Drug Delivery Reviews, 2004. 56(11): pp. 1565-1586.

17. Khademhosseini, A., et al., *Interplay of biomaterials and micro-scale technologies for advancing biomedical applications.* Journal of Biomaterials Science-Polymer Edition, 2006. 17(11): pp. 1221-1240.

18. Ziaie, B., et al., *Hard and soft micromachining for BioMEMS: review of techniques and examples of applications in microfluidics and drug delivery.* Advanced Drug Delivery Reviews, 2004. 56(2): pp. 145-172.

19. Menz, W., J. Mohr, and O. Paul, *Lithographie*, in *Mikrosystemtechnik für Ingenieure.* 2005, Wiley-VCH Verlag GmbH & Co: Weinheim. pp. 191-240.

20. Lord, M.S., M. Foss, and F. Besenbacher, *Influence of nanoscale surface topography on protein adsorption and cellular response.* Nano Today, 2010. 5(1): pp. 66-78.

21. Martínez, E., et al., *Effects of artificial micro- and nano-structured surfaces on cell behaviour.* Annals of Anatomy-Anatomischer Anzeiger, 2009. 191(1): pp. 126-135.

22. van Blitterswijk, C.A., et al., *Materiomics: Dealing with complexity in tissue engineering.* Tissue Engineering Part A, 2008. 14(5): pp. 796-796.

23. Papenburg, B.J., *Design strategies for tissue engineering scaffolds.* Diss., University of Twente, Enschede, NL, 2009, p. 197.

24. Saavedra, H.M., et al., *Hybrid strategies in nanolithography.* Reports on Progress in Physics, 2010. 73(3): 036501.

25. Whitesides, G.M., et al., *Soft lithography in biology and biochemistry.* Annual Review of Biomedical Engineering, 2001. 3(1): pp. 335-373.

26. Xia, Y. and G.M. Whitesides, *Soft Lithography.* Angewandte Chemie-International Edition, 1998. 37(5): pp. 550-575.

27. Goubko, C.A. and X.D. Cao, *Patterning multiple cell types in co-cultures: A review.* Materials Science & Engineering C-Materials for Biological Applications, 2009. 29(6): pp. 1855-1868.

28. Chen, C.S., et al., *Geometric control of cell life and death.* Science, 1997. 276(5317): pp. 1425-1428.

29. Flemming, R.G., et al., *Effects of synthetic micro- and nano-structured surfaces on cell behavior.* Biomaterials, 1999. 20(6): pp. 573-588.

30. Gallant, N.D., et al., *Micro- and nano-patterned substrates to manipulate cell adhesion.* Journal of Nanoscience and Nanotechnology, 2007. 7(3): pp. 803-807.

31. Freytes, D.O., L.Q. Wan, and G. Vunjak-Novakovic, *Geometry and force control of cell function.* Journal of Cellular Biochemistry, 2009. 108(5): pp. 1047-1058.

32. Li, Y.G. and S. Sugiyama, *Fabrication of microgratings on PMMA plate and curved surface by using copper mesh as X-ray lithography mask.* Microsystem Technologies-Micro-and Nanosystems-Information Storage and Processing Systems, 2007. 13(3-4): pp. 227-230.

33. Radtke, D. and U.D. Zeitner, *Laser-lithography on non-planar surfaces.* Optics Express, 2007. 15(3): pp. 1167-1174.

34. Biancardo, S.B.N., H.J. Pranov, and N.B. Larsen, *Protein in-mold patterning.* Advanced Materials, 2008. 20(10): pp. 1825-1829.

35. Throne, J.L., *Understanding Thermoforming.* 2nd ed. 2008, München: Hanser Verlag, p. 266.

36. Throne, J.L. and J. Beine, *Thermoformen.* 1999: Hanser Verlag, p. 508.

37. Truckenmuller, R., et al., *Low-cost thermoforming of micro fluidic analysis chips.* Journal of Micromechanics and Microengineering, 2002. 12(4): pp. 375-379.

38. Giselbrecht, S., et al., *Microthermoforming as a novel technique for manufacturing scaffolds in tissue engineering (CellChips).* IEE Proceedings Nanobiotechnology, 2004. 151(4): pp. 151-157.

39. Truckenmüller, R. and S. Giselbrecht, *Verfahren zur Umformung einer Folie.* 2008, patent: DE 102007050976.

40. Reinhardt, M., et al. *Mikrostrukturierte Polymerfolien mit integrierter Nanotopographie als Zell-Interface.* Proceedings, 1.GMM Workshop Mikro-Nano Integration, 2009, Seeheim, Germany.

41. Schleunitz, A., *Untersuchungen zum Nanoprägen als Fertigungsverfahren für fluidische Mikro-Nano-Systeme*, Diss., Universität Karlsruhe (TH), Karlsruhe, Germany, 2009.

42. Giselbrecht, S., et al. *Controlling cell behaviour in vitro.* Proceedings, 5th International Conference on Microtechnologies in Medicine and Biology. 2009. Quebec City, Canada, pp. 246-247.

43. Schleunitz, A., et al. *Fabrication of 3D cell containers with integrated topography by combined microscale thermoforming and thermal nanoimprint.* Proceedings, 8th International Conference on Nanoimprint and Nanoprint Technology (NNT 2009), 2009, San Jose, USA, C3.

44. Fleischer, R.L., P.B. Price, and R.M. Walker, *Nuclear Tracks in Solids.* 1975, Berkeley: University of California Press, p. 605.

45. Spohr, R., *Ion Tracks and Microtechnology, Principles and Applications.* 1990, Braunschweig: Vieweg, p. 272.

46. Gottwald, E., et al., *A chip-based platform for the in vitro generation of tissues in three-dimensional organization.* Lab on a Chip, 2007. 7(6): pp. 777-785.

47. Truckenmuller, R., et al., *Flexible fluidic microchips based on thermoformed and locally modified thin polymer films.* Lab on a Chip, 2008. 8: pp. 1570-1579.

48. Discher, D.E., D.J. Mooney, and P.W. Zandstra, *Growth factors, matrices, and forces combine and control stem cells.* Science, 2009. 324(5935): pp. 1673-1677.

49. Fuchs, E., T. Tumbar, and G. Guasch, *Socializing with the neighbors: Stem cells and their niche.* Cell, 2004. 116(6): pp. 769-778.

50. Lutolf, M.P., P.M. Gilbert, and H.M. Blau, *Designing materials to direct stem-cell fate.* Nature, 2009. 462(7272): pp. 433-441.

51. Guilak, F., et al., *Control of stem cell fate by physical interactions with the extracellular matrix.* Cell Stem Cell, 2009. 5(1): pp. 17-26.

52. Dellatore, S.M., A.S. Garcia, and W.M. Miller, *Mimicking stem cell niches to increase stem cell expansion.* Current Opinion in Biotechnology, 2008. 19(5): pp. 534-540.

53. Fernandez, J.G., C.A. Mills, and J. Samitier, *Complex Microstructured 3D Surfaces Using Chitosan Biopolymer.* Small, 2009. 5(5): pp. 614-620.

54. Choi, J.O., et al., *Degradation of Poly(Methylmethacrylate) by Deep Ultraviolet, X-Ray, Electron-Beam, and Proton-Beam Irradiations.* Journal of Vacuum Science & Technology B, 1988. 6(6): pp. 2286-2289.

55. Glashauser, W. and G. Ghica, *Entwicklergemisch für röntgen- oder elektronenstrahlempfindliche Lacke.* 1982, patent: DE000003039110C2.

56. Lin, B.J., *Deep UV lithography.* Journal of Vacuum Science & Technology, 1975. 12(6): pp. 1317-1320.

57. Menz, W., J. Mohr, and O. Paul, *Materialien der Mikrosystemtechnik*, in *Mikrosystemtechnik für Ingenieure*. 2005, Wiley-VCH Verlag GmbH & Co: Weinheim. pp. 109-146.

58. Throne, J.L. and J. Beine, *Kunststoffe und Werkstoffkunde*, in *Thermoformen.* 1999. pp. 11-55.

59. Truckenmuller, R., et al., *Bonding of polymer microstructures by UV irradiation and subsequent welding at low temperatures.* Microsystem Technologies, 2004. 10(5): pp. 372-374.

60. Khademhosseini, A., et al., *Micro and Nanoengineering of the Cell Microenvironment: Technologies and Applications.* 1st ed. 2008: Artech House Inc, p. 627.

61. Engler, A.J., et al., *Matrix elasticity directs stem cell lineage specification.* Cell, 2006. 126(4): pp. 677-689.

62. Gitlin, L., P. Schulze, and D. Belder, *Rapid replication of master structures by double casting with PDMS.* Lab on a Chip, 2009. 9(20): pp. 3000-3002.

63. Hoffman, J.M., et al., *Elastomeric Molds with tunable microtopography.* Advanced Materials, 2004. 16(23-24): pp. 2201-2206.

64. Schneider, F., et al., *Mechanical properties of silicones for MEMS.* Journal of Micromechanics and Microengineering, 2008. 18(6): 065005.

65. Fan, Z.H. and A.J. Ricco, *Plastic Microfluidic Devices for DNA and Protein Analyses*, in Micro/Nano Technology for Genomics and Proteomics, M. Ozkan and M.J. Heller, Editors. 2006. pp. 311-328.

66. Gimm, J.A., Beebe, and D. J., *Microfluidic Tectonics*, in *Biomolecular Sensing, Processing and Analysis*, R. Bashir and S. Wereley, Editors. 2006. pp. 223-242.

67. Vo-Dinh, T., *Biosensors and Biochips*, in *Biomolecular Sensing, Processing and Analysis*, R. Bashir and S. Wereley, Editors. 2006. pp. 3-20.

68. Becker, E.W., et al., *Fabrication of microstructures with high aspect ratios and great structural heights by synchrotron radiation lithography, galvanoforming, and plastic moulding (LIGA process).* Microelectronic Engineering, 1986. 4(1): pp. 35-56.

69. Menz, W., J. Mohr, and O. Paul, *LIGA-Verfahren*, in *Mikrosystemtechnik für Ingenieure*. 2005, Wiley-VCH Verlag GmbH & Co: Weinheim. pp. 329-435.

70. Teixeira, A.I., et al., *Epithelial contact guidance on well-defined micro- and nanostructured substrates.* Journal of Cell Science, 2003. 116(10): pp. 1881-1892.

71. Chakarvarti, S.K., *Track-etch membranes enabled nano-/microtechnology: A review.* Radiation Measurements, 2009. 44(9-10): pp. 1085-1092.

72. Schiedt, B., *Characterization and Application of Ion Track-Etched Nanopores*, Diss., Universität Heidelberg, Heidelberg, Germany, 2007, p. 116.

73. Enculescu, I., et al., *Nickel nanotubes prepared by electroless deposition in ion track templates.* Optoelectronics and Advanced Materials-Rapid Communications, 2008. 2(3): pp. 133-136.

74. Apel, P., *Ion-track membranes and their use in biological and medical applicatoins.* International Symposium on Exotic Nuclei, 2007. 912: pp. 488-494.

75. Reinhardt, M., et al., *Ion Beam Lithography for Cell Culture Substrates.* GSI Scientific Report 2009, 2010. pp. 446

76. Giselbrecht, S., *Polymere, mikrostrukturierte Zellkulturträger für das Tissue Engineering*. Diss., Universität Karlsruhe (TH), Forschungszentrum Karlsruhe FZKA 7182, 2005, p. 158.

77. Widmann, D., H. Mader, and H. Friedrich, *Technologie hochintegrierter Schaltungen*. 2nd ed. 2001, Berlin: Springer, p. 363.

78. Barrilleaux, B., et al., *Review: Ex vivo engineering of living tissues with adult stem cells.* Tissue Engineering, 2006. 12(11): pp. 3007-3019.

79. Lim, J.Y. and H.J. Donahue, *Cell sensing and response to micro- and nanostructured surfaces produced by chemical and topographic patterning.* Tissue Engineering, 2007. 13(8): pp. 1879-1891.

80. Gevertz, J.L. and S. Torquato, *A Novel Three-Phase Model of Brain Tissue Microstructure.* Plos Computational Biology, 2008. 4(8), e1000152.

81. Barbucci, R., et al., *The use of hyaluronan and its sulphated derivative patterned with micrometric scale on glass substrate in melanocyte cell behaviour.* Biomaterials, 2003. 24(6): pp. 915-926.

82. Ifkovits, J.L. and J.A. Burdick, *Review: Photopolymerizable and degradable biomaterials for tissue engineering applications.* Tissue Engineering, 2007. 13(10): pp. 2369-2385.

83. Blau, A., et al., *Promotion of neural cell adhesion by electrochemically generated and functionalized polymer films.* Journal of Neuroscience Methods, 2001. 112(1): pp. 65-73.

84. Picart, C., et al., *Buildup mechanism for poly(L-lysine)/hyaluronic acid films onto a solid surface.* Langmuir, 2001. 17(23): pp. 7414-7424.

85. Richter, C., et al., *Spatially controlled cell adhesion on three-dimensional substrates.* Biomedical Microdevices, 2010. 12(5): pp. 787-795.

86. Richter, C., *Steuerung der Zelladhäsion auf Polymeroberflächen durch mikrostrukturierte Biofunktionalisierung.* Diss., TU Kaiserslautern, Fachbereich Physik, Germany, 2010, p. 141.

87. Lutolf, M.P., et al., *Perturbation of single hematopoietic stem cell fates in artificial niches.* Integrative Biology, 2009. 1(1): pp. 59-69.

88. Ochsner, M., et al., *Micro-well arrays for 3D shape control and high resolution analysis of single cells.* Lab on a Chip, 2007. 7(8): pp. 1074-1077.

89. Attia, U.M., S. Marson, and J.R. Alcock, *Micro-injection moulding of polymer microfluidic devices.* Microfluidics and Nanofluidics, 2009. 7(1): pp. 1-28.

90. Becker, H. and C. Gärtner, *Polymer microfabrication technologies for microfluidic systems.* Analytical and Bioanalytical Chemistry, 2008. 390(1): pp. 89-111.

91. Matschuk, M., H. Bruus, and N.B. Larsen, *Nanostructures for all-polymer microfluidic systems.* Microelectronic Engineering, 2010. 87(5-8): pp. 1379-1382.

92. Lahann, J., *Reactive polymer coatings for biomimetic surface engineering.* Chemical Engineering Communications, 2006. 193(11): pp. 1457-1468.

93. Hansen, M., *Surface immobilization of cytokines for immune cell control.* Diss., University of Southern Denmark, Department of Biochemistry and Molecular Biology, Denmark, 2009, p. 136.

94. Hjorto, G.M., et al., *Generating substrate bound functional chemokine gradients in vitro.* Biomaterials, 2009. 30(29): pp. 5305-5311.

95. Bernard, A., et al., *Microcontact Printing of Proteins.* Advanced Materials, 2000. 12(14): pp. 1067-1070.

96. Niemeyer, C.M. and C.A. Mirkin, *Nanobiotechnology.* Vol. 1. 2004, Weinheim: Wiley-VCH Verlag GmbH & Co, p. 469.

97. Vermeer, A.W.P. and W. Norde, *The thermal stability of immunoglobulin: Unfolding and aggregation of a multi-domain protein.* Biophysical Journal, 2000. 78(1): pp. 394-404.

98. Nguyen, D., et al., *Better shrinkage than Shrinky-Dinks.* Lab on a Chip, 2010. 10(12): pp. 1623-1626.

99. Yousefpour, A., M. Hojjati, and J.P. Immarigeon, *Fusion bonding/welding of thermoplastic composites.* Journal of Thermoplastic Composite Materials, 2004. 17(4): pp. 303-341.

100. Richardson, R.R., J.A. Miller, and W.M. Reichert, *Polyimides as Biomaterials - Preliminary Biocompatibility Testing.* Biomaterials, 1993. 14(8): pp. 627-635.

101. Welle, A. and E. Gottwald, *UV-based patterning of polymeric substrates for cell culture applications.* Biomedical Microdevices, 2002. 4(1): pp. 33-41.

102. Ikeuchi, M. and K. Ikuta. *Artificial Capillary Network Chip for In Vitro 3D Tissue Culture.* Proceedings, Transducers and Eurosensors '07, 2007, Lyon, France, pp. 1337-1340.

103. Ikeuchi, M. and K. Ikuta. *The Membrane Micro Emboss (MeME) process for fabricationg 3-D microfluidic device formed from thin polymer membrane.* Proceedings, µTAS'06, 2006, Tokyo, Japan, pp. 693-695.

104. Binder, L., *Mechanische Stimulation dreidimensional kultivierter Zellen.* Bachelor Arbeit, Karlsruher Institut für Technologie, Campus Nord, p. 36.

105. Bhatia, S.N., et al., *Probing heterotypic cell interactions: hepatocyte function in microfabricated co-cultures.* Journal of Biomaterials Science-Polymer Edition, 1998. 9(11): pp. 1137-1160.

106. Bhatia, S.N., et al., *Effect of cell-cell interactions in preservation of cellular phenotype: cocultivation of hepatocytes and nonparenchymal cells.* Faseb Journal, 1999. 13(14): pp. 1883-1900.

107. Liu, W.F. and C.S. Chen, *Cellular and multicellular form and function.* Advanced Drug Delivery Reviews, 2007. 59(13): pp. 1319-1328.

108. Vogel, V. and M. Sheetz, *Local force and geometry sensing regulate cell functions.* Nature Reviews Molecular Cell Biology, 2006. 7(4): pp. 265-275.

109. Choi, Y.Y., et al., *Controlled-size embryoid body formation in concave microwell arrays.* Biomaterials, 2010. 31(15): pp. 4296-4303.

110. Ochsner, M., et al., *Dimensionality controls cytoskeleton assembly and metabolism of fibroblast cells in response to rigidity and shape.* Plos One, 2010. 5(3): e9445.

111. Abgrall, P., et al., *SU-8 as a structural material for labs-on-chips and microelectromechanical systems.* Electrophoresis, 2007. 28(24): pp. 4539-4551.

112. Greiner, A.d.C.a.C., *SU-8: a photoresist for high-aspect-ratio and 3D submicron lithography.* Journal of Micromechanics and Microengineering, 2007. 17(6): p. R81

113. Harrwitz, F., *Taschenbuch für Präzisionsmechaniker, Optiker, Elektromechaniker und Glasinstrumentenmacher (1900).* 1903, Berlin: Administration der Fachzeitschrift "Der Mechaniker".

114. del Campo, A. and C. Greiner, *SU-8: a photoresist for high-aspect-ratio and 3D submicron lithography.* Journal of Micromechanics and Microengineering, 2007. 17(6): pp. R81-R95.

115. Fu, C. and H. Huang, *Different methods for the fabrication of UV-LIGA molds using SU-8 with tapered de-molding angles.* Microsystem Technologies-Micro- and Nanosystems-Information Storage and Processing Systems, 2007. 13(3-4): pp. 293-298.

116. Nichol, J.W. and A. Khademhosseini, *Modular Tissue Engineering: Engineering Biological Tissues from the Bottom Up.* Soft Matter, 2009. 5(7): pp. 1312-1319.

A Anhang

A.1 Material und Methoden der Zellkultur

IF-Färbung (Actin: grün, Kern: blau)

(‚Cytoskelfix Cell Fixativ', Antikörper, DAPI, 24 Well-Platte)

Materialien:

- Fixierlösung: Cytoskelfix Cell Fixative
  - Cat.-No.: CSK01 ; Firma: tebu – bio
- Waschlösung: PBS (1x, ohne Ca/Mg)
- Blocklösung: 1% BSA in PBS
- Antikörper: Alexa Fluor 488 – conjugated Phalloidin ; fluoresziert grün
  - Cat. – No: A12379; Invitrogen
  - Verdünnung 1 : 40 in 1% BSA in PBS (ohne Ca/Mg)
- Kernfärbung: DAPI

Durchführung:

- Medium absaugen
- 1x kurz mit PBS waschen
- Fixieren mit 1 ml Fixierlösung für 4 min bei -20°C
- 3x kurz waschen mit PBS
- Blocken mit Blocklösung für 30-60 min bei RT
- Antikörper (50 µl pro Well) für 45 min bei RT
- Kernfärbung mit 0,5 ml DAPI pro Well für 5-10 min bei RT im Dunkeln
- 3x kurz waschen mit PBS, wobei das letzte PBS auf den Proben stehen bleibt bis zum mikroskopieren

Tabelle A.1: Kulturbedingungen der verschiedenen Zelllinien.

	HeLa	**Hep G2**	**L929**
Kulturflasche	T75 Falcon™, Becton Dickinson GmbH, Heidelberg		
Bedingungen	Brutschrank bei 37°C und 5% CO_2-Atmosphäre		
Medium	Quantum 101 mit L-Glutamin (PAA) und 1% Penicillin/ Streptomycin (PAA)	Minimum Essential Medium (MEM) (Gibco) mit 10% fötalem Kälberserum (PAA), 1% nicht-essentiellen Aminosäuren (PAA), 1% Na-Pyruvat (PAA), 1% Glutamax (Gibco), 1% Penicillin/ Streptomycin (PAA) und 0,1% Phenolrot (Sigma)	MEM (Gibco) mit 10% fötalem Kälberserum (ATCC) und 1% Penicillin/ Streptomycin (PAA)
Umsetzung	2x wöchentlich	1x wöchentlich	1x wöchentlich
Mediumwechsel	1x wöchentlich	2x wöchentlich	2x wöchentlich
Trypsin	0,25% Trypsin (Gibco) mit 0,03% EDTA (Sigma) in PBS, pH 7,6	0,25% Trypsin (Gibco) mit 0,03% EDTA (Sigma) und Phenolrot (Sigma) in PBS, pH 7,6	0,2% Trypsin (Gibco) mit 0,6% EDTA (Sigma) und Phenolrot (Sigma) in PBS, pH 7,6

Schriften des Instituts für Mikrostrukturtechnik am Karlsruher Institut für Technologie (ISSN 1869-5183)

Herausgeber: Institut für Mikrostrukturtechnik

Die Bände sind unter www.ksp.kit.edu als PDF frei verfügbar oder als Druckausgabe bestellbar.

Band 1 Georg Obermaier
Research-to-Business Beziehungen: Technologietransfer durch Kommunikation von Werten (Barrieren, Erfolgsfaktoren und Strategien). 2009
ISBN 978-3-86644-448-5

Band 2 Thomas Grund
Entwicklung von Kunststoff-Mikroventilen im Batch-Verfahren. 2010
ISBN 978-3-86644-496-6

Band 3 Sven Schüle
Modular adaptive mikrooptische Systeme in Kombination mit Mikroaktoren. 2010
ISBN 978-3-86644-529-1

Band 4 Markus Simon
Röntgenlinsen mit großer Apertur. 2010
ISBN 978-3-86644-530-7

Band 5 K. Phillip Schierjott
Miniaturisierte Kapillarelektrophorese zur kontinuierlichen Überwachung von Kationen und Anionen in Prozessströmen. 2010
ISBN 978-3-86644-523-9

Band 6 Stephanie Kißling
Chemische und elektrochemische Methoden zur Oberflächenbearbeitung von galvanogeformten Nickel-Mikrostrukturen. 2010
ISBN 978-3-86644-548-2

Band 7 Friederike J. Gruhl
Oberflächenmodifikation von Surface Acoustic Wave (SAW) Biosensoren für biomedizinische Anwendungen. 2010
ISBN 978-3-86644-543-7

Band 8 Laura Zimmermann
Dreidimensional nanostrukturierte und superhydrophobe mikrofluidische Systeme zur Tröpfchengenerierung und -handhabung
ISBN 978-3-86644-634-2

Schriften des Instituts für Mikrostrukturtechnik am Karlsruher Institut für Technologie
(ISSN 1869-5183)

Band 9 Martina Reinhardt
Funktionalisierte, polymere Mikrostrukturen für die dreidimensionale Zellkultur
ISBN 978-3-86644-616-8